数学の研究をはじめよう（Ⅷ）

0からはじめる完全数入門

新世代の完全数

飯高 茂 著

現代数学社

まえがき

はじめに本書の趣旨を述べます．数学が好きでたまらない先進的高校生は自分なりに数学の研究をして新しい定理などを独力で発見し，できれば証明したいと思っていることでしょう．

そのための勉強はこれまでの入試問題を確実に解くための勉強とは少し違います．ではどのように勉強したらいいのでしょうか．

本書はそのような意欲を持った高校生を念頭において執筆しました．実のところ私は数学の研究に強い意欲を持った高校生ではありませんでした．いまになって思うのは意欲を持った高校生の支えや目標になる本はその当時無かったのだと思います．しかし時代は大きく変わり数学に志のある高校生は増えました．

現代の日本では本書で自分の研究を発表をしている齋藤之理君のような中学生もいるし小学生だって志では負けていない人が少なくないと思います．

私事ですが 2013 年 3 月末に学習院大学理学部教授を定年退職しました．それより半年前に退職後の自分の日常を想像してみると，自由な時間がありすぎて困るだろうと考えて対策を立てることにし，自分のホームページに「来年 3 月に退職して暇になる．そのときは数学の勉強や数学教育の研究会などで数学の話をしたり指導したりできる．無報酬で引き受けるつもりだ」という意味のことを書きました．

それがきっかけになって都内のある私立高校から依頼され高校生の数学クラブ活動の助言をするようになりました．実際，その高校にでかけてみると今どきの高校生は研究をしその成果を発表したりするのです．そのような能動的学習活動をしていることを知り非常にびっくりしました．生物などの理科系のクラブ活動では専門的な学会で発表したりする例もあることが分かりました．

数学クラブの高校生と話してみると，自分の研究課題をもっています．そして数学の研究をするなら完全数をしたいという生徒が多いという事情もわかりました．実際に高校の教科書で，参考のための話題として完全数が取り上げられていることもあります．

完全数は数学の元祖であるユークリッドが紀元前370年ごろ原論という数学の体系的教科書を書いたときの最大のテーマでもありました．

予備知識がなくても問題自身が容易に理解できるのは完全数の強みです．しかし研究の指導や助言を行うことはたやすいことではありません．自分でも新しく研究を行い現場的感覚を持ち続けないと難しいのも事実です．そこで私はオイラーの研究を参考にしつつ，完全数の新しい研究を開始しました．思ったよりうまく行って因子関数 $\sigma(a)$ やオイラー関数 $\varphi(a)$ を用いた数論研究が進み，完全数の分野で新機軸を開くことができたと思います．

神田の書店

それとは別に神田の書店“書泉”の7階で一般の市民向けの数学講座“数学の研究を始めよう”を新たに開設し月に2回各2時間の講義をすることになりました．

一般の市民向けに大学の数学の講義をすることにとどまらず市民が数学の研究に関り自分で数学の定理を発見することによ

り数学を本気で楽しむことを目標にしました．これが「数学の研究をはじめよう」と銘打った連続講義となり，第 2，4 の金曜日に 6 時から 8 時まで，最後の 30 分は討論の時間としました．2 カ月で計 4 回の講義をして次の 2 カ月は休みとし準備にあてました．講義内容は新しい研究結果を話すことにしたので，2 カ月の休養は必要なものでした．

初回に 30 名を超える人が集まり，会場には小さな丸椅子が隙間なく並べられました．これほど多数の人が集まることは意外なことでしたが，小学 1 年生の参加者がいたことにはもっと驚かされました．高校生のために研究しやすい対象をしぼって考えておいたのが役に立ち，参加者の多くを占める熟年世代の方も数学の研究を行うことに強い関心をもち注目すべき結果が出るまで努力する人が現れるようになりました．

この講義の中核部分は現代数学社の月刊誌「現代数学」に連載されることになったのもありがたいことでした．しかもある程度まとまったら単行本として出すことになり，今まで 7 巻がでました．本書が第 8 巻になります．8 巻とはいえ本書を読む上でそれまでの 7 冊の本の内容を必要としません．

2014 年から 2019 年までは順調に講義が進みましたが新型コロナ感染症の広がりのため，定期的に集まりを持つことが困難になり当分の間，中止する羽目に陥りました．そこで 2020 年の夏からオンラインの数学の講義をすることにしました．オンライン講義は“数学大好き”という名前のゼミになり，ZOOM を用いて月，木の週 2 回 8:00-9:00 に行っています．先生がたによる月 1 の連続講義を主に参加者による研究発表という 2 つの種別で行っています．

現在小 2 が 2 名，小 3 と小 4 が 3 名，小 5，6 がそれぞれ 1

名の７名，中学１年２名，中学２年１名，中学３年１名の４名．合計 11 名です．高校生や大学生の参加もあり，さらに熟年世代の数学愛好家，また退職教授も多く参加しています．現役の大学講師や準教授も参加し，毎回 20–30 人は来ますが，登録者は 80 名に及びます．

80 歳になって

70 歳で定年退職してから高校に行ったり，市民のための数学の講義や，オンラインの数学ゼミをしたりしているうちに 10 年が過ぎてしまい結果として 80 歳になり感慨深いものがあります．私は良い師，友人に恵まれ数学者として稔りある人生を歩むことになりました．とても幸運に恵まれたのです．それまでの数学者としての記憶を整理して数学四方山話として後世にお伝えしたいことがいくつかあります．

鈴木通夫先生

1994 年に国際数学者会議（International Congress of Mathematicians，ICM と略す）がスイスのチューリッヒで開かれ当時私は日本数学会理事長でしたので代表として国際数学連合（IMU）の会議と国際数学者会議に参加しました．

チューリッヒのホテルに５泊しましたが朝ホテルの食堂に行くと日本人数学者鈴木通夫先生（すずきみちお，1926 年 10 月 2 日 -1998 年５月 31 日）にお会いました．千葉高校の先輩ということもあり専門は違いますが面識はありました．先生は有限群の分野で世界的に有名で群論の分野で指導的地位にあった方です．実際有限群論において鈴木群と呼ばれる一群のものがあります．

その上20世紀数学の最高峰の一つとなる有限単純群の分類の完成という大仕事の中では散在的単純群の一つ（26個しかありません）として鈴木群があります．日本人の発見したこのような群はこのほかに原田群があるだけです．

先生は最初に「君はまだ50代だね．うらやましいよ」と言われました．ほかには日本人数学者がいないので毎朝お会いするのが楽しみになり会話もはずみました．それから4年たち，東京の病院で入院しているという噂を聞きました．

知人の数学者から「先生は日本で知人もあまりいないからぜひ何度か可能な限りお見舞いにいって貰えませんか」ということでしたから4回ほどお見舞いに行きました．先生のお話では，肝炎が悪化する可能性があることは分かっていたのだがとうとう発病してしまった．あと三ヶ月と言われている，ということでした．

そして三か月後に逝去されました

チューリッヒでのICM，密命

前にも述べましたが国際数学者会議（ICM）は1994年にチューリヒで開催されることになり当時日本数学会の理事長（学会長に相当）だった私も出席することにしました．このことは直ちに彌永先生（いやながしょうきち，1906年4月2日–2006年6月1日）の知るところとなりました．

「イイタカ君はチューリッヒに行くのだね，チャンドラセカーランがいるから是非あって来たまえ，連絡しておくから」と言われました．その後先生から詳しい手紙を何回かいただくことになりました．

チューリッヒのホテルについてから早速先生からいただいた

チャンドラセカーランの手紙にある道筋の図に沿って行きますと大きな洋館のまえに大柄な老人が立って待っているのです．

そこで自己紹介して握手しました．彼はしげしげと私を見て「彌永の手紙にある通りだ．Iitaka は若く見えるが 50 は過ぎている，と書いてあった．彌永から数通の手紙が来ているからよく分かった．まあ入れ」

言われるままに大きな館の応接間に入りました．彼は熱心に語りかけてくれます．

チャンドラセカーランは国際数学連合の幹事を永くした人で戦後に開催された ICM において日本代表として出ていた彌永先生と知り合い，その後親密な交流を重ねた方です．

彌永先生が日本でも ICM を開催したいと言いましたら，「大きな国際会議だから簡単にできるものではない．最初専門を特定した国際研究集会を開いて経験を積むといい」との助言があったそうです．それがきっかけとなって 1955 年の東京－日光を会場にした代数的整数論の国際シンポジュームの開催に至ったのです．

チャンドラセカーランは日本人に伝えておきたいことがあると真顔でいうのです．志村五郎氏先生（しむらごろう，1930 年 2 月 23 日 – 2019 年 5 月 3 日）に関することでした．

彼の数論における業績は偉大なものだからフィールズ賞に値する．授賞者の詮衡委員会でもその点は委員から異論が出なかったが委員の一人であるフランス人数学者 S 氏が，彼の業績は優れている点で異議はないが自分としては志村氏に賞をあげることに賛成しかねる，と言い出してきかない．

委員会の決定は満場一致が原則なのでとうとう彼に賞を授けることができなかった．こうして彼は受賞を逃した．

このような裏話を日本の数学者に伝えたいというのです．チャンドラセカーランの誠実な人柄にも感銘を受けました．しかし私としては荷の重い宿題を出されたのでどうしようと思い悩むことしかできません．

以上のことは 80 を過ぎた老人の繰り言としてきいて頂けたらありがたい．

ワイルス

前年の 1993 年にワイルスがフェルマーの定理が証明できたと言って数学界に旋風を巻き起こしました．1994 年には彼の証明はまだ不完全で信用できないという噂が流れました．実際スイスで会ったオランダの人は「ワイルスの証明は 5 パーセント位しかできていないらしい」との噂話まであると言って笑っていました．

それから開かれたチューリヒの ICM でドイツのヒルゼブルフが最も大切な行事である各専門別の研究発表の会場で数論部門の招待講演者としてワイルス氏を紹介しました．

フェルマーの最終定理の話をするという言い方を避けて，数論で重要な研究の発展についての話があるだろうと紹介の辞をのべてからワイルスが登場しました．たんたんと講義をするだけで終わりました．

その後の 1995 年になってワイルスの弟子であるイギリスのテーラーが証明を補って完全な証明ができました．そのときワイルスは 40 歳を超えていたのでフィールズ賞はもらえません．しかし授賞の詮衡委員会は，特別フィールズ賞というものを作りワイルスを讃えたのです．

ある事情通の話では，ワイルスのチューリッヒでの講義で，人々は静かに講演を聞いただけで終わった．それは彼が謙虚で人柄が良かったことによるのだ云々とのことでした．

再び志村先生

ワイルスの証明では Shimura–Taniyama 予想が鍵でそれを証明した結果フェルマー最終定理の証明ができたということで日本人数学者の貢献はとても大きくその中心に志村先生がいたのです．志村先生はとても厳しい方で有名でした．

噂によると彼は数論の人にとく厳しい．だからという訳ではないのですが私には結構優しかったのです．私が雑誌「数学」に出した論説はなかなかいい，と言っていたよと知り合いが教えてくれたのです．それは対数的小平次元や対数的多種数を用いて，代数幾何学と環論をより密接につなぐという趣旨のものです．

さて，噂話の一つですがある方が志村先生に，ある賞を推薦するにあたって推薦書を書くとき「賞が決まったら受けてくれるかどうか事前に確認してほしい」と言われたことがあり，その件で志村先生に電話で「まだ未定ですが受賞が決まったら受けてくれますか」と確認の電話を入れたら「そんなことを予めきくとは失礼ではないか」という意味のことを言われきつく叱られたという話です．これは夭折の数学者新谷卓郎さんから聞いたことです．

何年かの年月がたち日本数学会として志村先生のために何か貢献できないかと思い，私は日本数学会の責任者でしたので志村先生を藤原賞に推薦しました．しかし賞を受けてくれるかどうか事前に確認するといった怖いことは何もしませんでした．幸い，志村先生は受賞者に選ばれましたが，その時点で受賞する気があるかどうかを確認する必要があり事務局から依頼されて委員の一人が確認の電話をしたところアメリカでは朝５時だったそうで，先生にひどく叱られたそうです．

自分としては受賞はできるが当時ロシアの数学者を呼んでいてその世話があるので授賞式には出られないとのことでした．授賞を決定した藤原賞委員会の委員の方は医学関係では超大物の教授だそうですが藤原賞の権威に傷がついた云々とこぼしていました．しかし本人は出なくても授賞式は行うから代理で日本数学会の飯高に出てほしいとのことでした．

志村先生からは受賞のときのお礼のことばがきれいな字で書かれた書面で届きました．それを授賞式で読み上げる私の姿は，一部テレビで放映されたのです．少し恥ずかしかった．

志村先生のお礼の言葉は，そもそも三宝というのがある．それは仏法僧で云々と続く格調の高いものであったことは言うまでもありません．志村先生の受賞にあたっての文書は当然大切なものとしてとっておくつもりでしたがいつの間にか失くしていましました．

それよりもだいぶ前の時代の話です．

志村先生は比較的早く結婚していたので同期の人たちで先生のお宅を訪ねることがしばしばあったそうです．そのとき、仲間内では「志村神社に詣でよう」と言って出かけ新婚の夫人からもてなしを受けた．そのような折に先生は漢籍の中の逸話を紹介してくれたそうです．

逸話を通して世界の数学をリードするような仕事が出ない日本の数学界への批判が込められていたとは事情通の解説です．

先生は将棋が好きで将棋雑誌の購読者でした．「将棋雑誌は広告にも意味があり有益だ．数学会の欧文機関誌よりよほどためになる」とまでおっしゃったそうです．これは友人から伺いました．

そののち志村先生は中国から招待されて数学の講義を中国の大学ですることがしばしばあり，現地の書店を訪れて古典の漢籍をだいぶ買い込んだそうです．後年になって中国文学の本を書く基礎はこういうところにあったのでしょう．

新世代の完全数

私は一連の完全数と超完全数の研究を継続し最後の機会はいまかと思いたって，困難さが予見されていて敬遠していた第二種超完全数とそれから導かれる，新規の完全数の導入を考えました．80 を超えてから手がけた新しい完全数なので完全数 80（perfect number eighty）と名前をつけています．私の最後の完全数になるかもしれません．

ところで，中学 1 年の齋藤之理君は完全数の研究を私とともにし，著しい結果をえていたので札幌で 2022 年 9 月に開催された日本数学会において共同研究の発表をしました．

その後，彼は全く新しい見地にたって画期的な完全数の導入を行いました．ここに完全数研究での巨大な断層を見る思いがします．彼の完全数は新世代の完全数というのがいいかもしれません．これを本書に載せることができたことは幸いなことだと思います．なお，第 1 章と第 9 章は書き下ろしになります．

放送大学東京多摩学習センター学生控室にて

2023 年 1 月 23 日

飯高 茂

目　次

0 からはじめる完全数入門

クリストファー・コロンブス（Christopher Columbus, 1451-1506）

小平先生に，「先生にとって，良い研究とはなんでしょう」と問いかけたところ「コロンブスはインドに行くつもりで大航海し，アメリカ大陸を偶然発見しました．当時誰も知らない土地と人を発見したのです．こういうような発見を数学でもしたいものですね」

私たちも完全数の研究において小平先生の心意気に共感の心をもって続けたいものです．

1．完全数から始めよう

6の約数は1，2，3，6だが6は当たり前の約数なのでこれを除外すると真の約数は1，2，3．これらを足すと6が出る．約数という概念は掛け算の世界のモノである．それらを加えると6が再現することは不思議な気がする．

自然数 a の約数の和をギリシャ文字を使って $\sigma(a)$ と書く．約数の和というのもエレガントではないのでユークリッド関数と呼んでやりたい．

a の約数には a 自身を含めるので $\sigma(6)=1+2+3+6=12=2a$.

このような数すなわち $\sigma(a)=2a$ を満たす a を完全数（perfect numbers）と呼ぶ．

これらは古代世界で珍重されていた．紀元前300年以上前の時代に6，28，496，8128が完全数であることが分かった．

28が完全数であることは容易にわかるが，496，8128が完全数になることを確認することはそれほど簡単なことではない．紀元前にこれらが発見されたことは驚きである．

数学の始祖ともいえるエウクレイデス（ユークリッド）は組織的に完全数をつくることを考えた．

1から初め2倍して2．それを2倍して4，この操作を続けると $8, 16, \cdots, 2^e$．かくして出てきた数をすべて加えると数 $N=1+2+4+8+\cdots+2^e$ を得る．N が素数となったとき，$a=2^eN$ は完全数になる．

これが最古の，偉大な数学書（BC370年頃）である原論（ストイケイア）に記載された結論である．

彼らは $1+2+4+8+16+\cdots+2^e=N=2^{e+1}-1$ を当然のこととして知っていたのだ．$\sigma(2^e)=2^{e+1}-1$ は高校生ならよく知っている公比2の等比数列の和の公式の帰結である．

2. ユークリッドはなぜこの式を考えたのか

ユークリッドは $6=2*3$, $28=2^2*7$, $496=2^4*31$ という結果から $a=2^eQ$,（Q：奇素数）という解が完全数となると推測した.

$a=2^eQ$ が $\sigma(a)=2a$ を満たすとしよう. $N=2^{e+1}-1$ とおくと, 2^e, Q は互いに素で $\sigma(2^e)=N$, $\sigma(Q)=Q+1$ なので

$$\sigma(2^eQ)=\sigma(2^e)\sigma(Q)=N(Q+1)=NQ+N.$$

$NQ=2*2^eQ-Q=2a-Q$ によって,

$\sigma(a)=\sigma(2^eQ)=2a-Q+N$. これが完全数の定義式 $\sigma(a)=2a$ を満たすと仮定すると $N-Q=0;Q=N$

ゆえに $N=1+2+4+\cdots+2^e$ は素数.

古代ギリシャでは 1, 2, 3 を表すのにギリシャ文字 α,β,γ を使うなど現代の数学の表記法からすれば想像を絶するほど不便であった. にもかかわらず彼らが完全数を考えたのは驚きである.

3. 平行移動 m の完全数

ここでは少し一般にして整数 m について, $p=2^{e+1}-1+m$ が自然数でかつ素数とするとき $a=2^ep$ は $\sigma(a)=2a-m$ を満たすことを以下で示す.

命題 1　$p=2^{e+1}-1+m$ が素数のとき $a=2^ep$ は $\sigma(a)=2a-m$ を満たす.

Proof.

$N=2^{e+1}-1$ とおくとき, $\sigma(2^e)=N$ であり, 仮定から $p=N+m$ $;m=p-N$. $\sigma(a)=\sigma(2^e)(p+1)=Np+N$.

定義によると, $a/p=2^e;N+1=2^{e+1}=2*2^e=2a/p$ なので,

$$2a=(N+1)p=Np+p=Np+N-N+p=\sigma(a)+m.$$

よって $2a=\sigma(a)+m$. ゆえに $\sigma(a)=2a-m$. q.e.d

一般に $\sigma(a)=2a-m$ を満たす自然数 a を平行移動 m の完全数という.

$p=2^{e+1}-1+m=N+m$, $a=2^e p$ によって作られた数 a を平行移動 m のユークリッドの完全数という. 命題1は平行移動 m のユークリッド完全数は平行移動 m の完全数になることを意味する.

私はこの考え方を使って完全数の一般化を試みることにした. BC600年頃の人ターレスは, 偶数, 奇数, 素数の概念を導入した.

2べきの数 2, $4=2^2$, $8=2^3$, … もかれらにとって馴染み深い種類の数であったろう. 2べきの数のユークリッド関数が素数と結びついて完全数ができる.

数とは何かということが分かって初めてできることである. 平行移動 m の完全数も自然な拡張だが平行移動のほかに定数倍も考えて2べきの数と素数とがリニアーな関係で結ばれたときどのような数学ができるか考えてみよう.

平行移動 m のユークリッド完全数の定義式は哲学での用語を用いれば外延的定義にあたる.

$\sigma(a)=2a-m$ を満たす自然数 a を平行移動 m の完全数のように方程式を与え, その解として完全数を捉えるやり方は内包的定義にあたる.

$m=0$ のときが完全数の場合で, ユークリッドは内包的定義が外延的定義になることに当然成立する真理の輝きを見ようとしたのであろう.

しかしこれは奇数完全数が存在しないという依然として解けない難問になってしまう.

$m\neq 0$ であれば内包的定義で定まる平行移動の完全数は外延的定義よりはるかに巨大な数の世界を見せてくれる.

4．数式処理の使い方の例

wxmaxima は高い精度で数の計算ができる高度な数式処理能力を持ったプログラム言語である．インターネットで自由にダウンロードできて無料で使える．簡単なプログラムで種々の完全数の例の計算が容易にできる．いくつか例をあげよう．

(1) $\sigma(a)=2a-m$ を満たす自然数 a を求めるプログラムの例．

```
perfect_m(m,aa,bb):=block([a],for a:aa thru bb
do(w:divsum(a)-a*2+m,
ifw=0 then print(a,"tab",factor(a))else 1=1));
```

使い方は

```
perfect_m(19,2,200000);
```

これにより平行移動 19, $\sigma(a)=2a-19$ を満たす a を求めることができる．

(2) 次に $m1$ から $m2$ までの m について平行移動 m のユークリッド完全数を求めるプログラムの例．

```
for_perfect_m(m1,m2,aa,bb,r,s):=for m0:m1 thr um2
do(m:r*m0+s, print("m=",m), perfect_m(m,aa,bb));
perfect_m(m,aa,bb):=block([a],for a:aa thrub b
do(w:divsum(a)-a*2+m,
if w=0 then print(a,"tab",factor(a))else 1=1));
```

実際の使用では $r=s=1$ としておけばよい．

使用例

```
for_perfect_m(-20,20,2,20000,1,1);
```

(3) 平行移動 m のユークリッド完全数を求めるプログラム例をあげる．

```
prime_find_reiwa4(h,m,aa,bb):=block([e],for e:aa thru bb
do(q:h*2^(e+1)-1+m,if primep(q)then
(a:2^e*q,print(e,"tab",q,"tab",a,"tab",factor(a)))
else1=1));
```

使用例

```
prime_find_reiwa4(1,0,2,180);
```

5．ユークリッド完全数の計算例

表1：a: ユークリッド完全数

e	$p=2^{e+1}-1$	$a=2^e p$	素因数分解
1	3	6	$2*3$
2	7	28	2^2*7
4	31	496	2^4*31
6	127	8128	2^6*127
12	8191	33550336	$2^{12}*8191$
16	131071	8589869056	$2^{16}*131071$
18	524287	137438691328	$2^{18}*524287$
30	2147483647	$A0$	$2^{30}*2147483647$
60	$X1$	$A1$	$B1$
88	$X2$	$A2$	$B2$
106	$X3$	$A3$	$B3$
126	$X4$	$A4$	$B4$

$A0=2305843008139952128$

$X1=618970019642690137449562111$

$A1=265845599156983174465469261595384217 6$

$B1=2^{60}*2305843009213693951$

$X2=618970019642690137449562111$

$A2=1915619426082361072947933780843036381309973215 48$
169216

$B2=2^{88}*618970019642690137449562111$

$X3=162259276829213363391578010288127$

$A3=131640364585696483372397534604587229102234723183$
86943117783728128

$B3=2^{106}*162259276829213363391578010288127$

$A3=170141183460469231731687303715884105727$

$X4=170141183460469231731687303715884105727$

$A4=144740111546645244279463731260859884815736774914$
748358890663543491311991521 28

$B4=2^{126}*170141183460469231731687303715884105727$

$e=30$ のときの完全数は Euler による．完全数は 2022 年現在 51 個発見されている．

$e<130$ のときの完全数は電子計算機以前に発見された．

6. 平行移動 $m=4$ のユークリッド完全数の計算例

表 2：a: 平行移動 $m=4$ のユークリッド完全数

e	$p=2^{e+1}-1+4$	$a=2^e p$	素因数分解
1	7	14	$2*7$
2	11	44	2^2*11
3	19	152	2^3*19
5	67	2144	2^5*67
6	131	8384	2^6*131
11	4099	8394752	$2^{11}*4099$
14	32771	536920064	$2^{14}*32771$
15	65539	2147581952	$2^{15}*65539$
17	262147	34360131584	$2^{17}*262147$

7. 完全数の歴史，Dickson の本から

完全数の歴史を古い本（初版は 1919 年）ではあるが Dickson 著 Theory of Numbers I から抜粋してみよう．訳文がうまくできないので英文のまま載せた．

The early Hebrews considered 6 to be a perfect number.

Alcuin (735-804), of York and Tours, explained the occurence of the number 6 in the creation of the universe on the ground that 6 is a perfect number.

The second origin of the human arose from the deficient number ; indeed, in Noah's ark there were 8 souls from which sprung the entire human race, showing that the the second origin was more imperfect than the first, which was made according to the number 6.

ニコマコス（AD 100 年の頃）は偶数 a を $I(a)=\sigma(a)-2a$ (abundance) を用いて分類した．すなわち $I(a)(=-m)$（平行移動 m）が正の数なら a を過剰数，負の数なら不足数．そして 0 のとき a は完全数とした．

過剰数の例として 12, 24 を挙げた．さらに不足数の例として 8, 14 を例示した．

$a=12$ なら $\sigma(a)=\sigma(12)=4*7=28$, $I(12)=28-24=4$.

$I(a)=4$ の例は 12 の他にもある．

表 3： $m=4$ の完全数， $I(a)=-4$ ；不足数

a	素因数分解	解の型
5	5	G
14	$2*7$	A
44	2^2*11	A
110	$2*5*11$	D
152	2^3*19	A
884	$2^2*13*17$	D
2144	2^5*67	A
8384	2^6*131	A
18632	$2^3*17*137$	D
116624	$2^4*37*197$	D

解に素数 5 の解と 2^eQ,（Q：素数，の形の解が多い．これを一般に A 型解という．2^eQR,（Q, R：素数，の形の解も多い．これを一般に D 型解という．

さて $a=24$ なら $\sigma(a)=\sigma(24)=4*15=60$, $I(a)=60-48=12$.

次頁の表 4 でわかるが $I(a)=12$ の解は異常に多い．

$a=6p$ と素数 p で書ける解があるのでこれらを通常解という．ここに完全数 6 を用いた解 $6p$ がたくさん出たことが著しい事実で真に興味深いことである．

表 4：$m=-12$ の完全数 $I(a)=12$：過剰数

a	素因数分解
24	2^3*3
30	$2*3*5$
42	$2*3*7$
54	$2*3^3$
66	$2*3*11$
78	$2*3*13$
102	$2*3*17$
114	$2*3*19$
138	$2*3*23$
174	$2*3*29$
186	$2*3*31$
222	$2*3*37$
246	$2*3*41$
258	$2*3*43$
282	$2*3*47$
304	2^4*19
318	$2*3*53$

$a=6p$ を通常解という．

24，54 を擬素数解，$a=304=2^4*19$ などをエイリアン解という．

表 5：エイリアン解，$m=-12$

a	素因数分解	解の型
$6p$	$2*3*p$（通常解）	D
304	2^4*19	A
127744	2^8*499	A
33501184	$2^{12}*8179$	A
8589082624	$2^{16}*131059$	A

$a=6p$ は通常解．この他の解が 4 つあり，2^eQ，$Q=2^{e+1}-13$ を満たす．これは A 型解であり多分限りなくある．これら以外の解があれば見てみたいものだ．

私はこのような解の多さに圧倒されこれらを宇宙完全数

(space perfect numbers) とよぶことにしている.

$I(8)=15-2*8=-1$ なので 8 を不足度 1 の不足数という.

表 6: $m=1$ の完全数

a	素因数分解
2	2
4	2^2
8	2^3
16	2^4
32	2^5
64	2^6
128	2^7
256	2^8
512	2^9

$I(a)=-1$ のとき 2^e のすべてが解である. このような解を C 型という.

$I(a)=-1$ なら $a=2^e$ になるという予想がありこれを概完全数予想という.

奇数完全数の不存在問題と同じように未解決の難問である.

奇数素数 p に対して $a=2p$ は $I(a)=\sigma(a)-2a=3p+3-4p=3-p$. よって, $p \geqq 5$ なら $a=2p$ は不足数.

8. 富士山の美しさの数学的意味

富士山の標高は 3776m でありこれを素因数分解すると $3776=2^6*59$

これは平行移動 m の完全数の解によく出てくる A 型解の形をしている. そこでこれを解にもつ平行移動 m の完全数を a とおくと, $a=2^6*59$ が $\sigma(a)-2a+m=0$ を満たす. この m を以下で決定しよう.

$\sigma(a)=(2^7-1)*60=2^7*60-60\,;2a=2^7*59\,;\sigma(a)-2a+m=2^7-60+m=68+m=0$ となり $m=-68$ になる.

しかし平行移動 $m=-68$ の完全数には 3776 以外もあるだろう. パソコンで計算してみると次のようになった.

表 7: $m=-68$ の完全数

a	素因数分解	型
260	2^2*5*13	D
2990	$2*5*13*23$	E
3776	2^6*59	A
4070	$2*5*11*37$	E
13736	$2^3*17*101$	D
61904	$2^4*53*73$	D
113408	2^8*443	A
592670	$2^5*13*4797$	F
2026496	$2^{10}*1979$	A
4149056	$2^6*241*269$	D
8247296	$2^{11}*4027$	A

A 型の解はもっとも美しいのでそれに限るとあと 3 つある.

千万以下の解が 12 個でてきた.

現代天文学によると, 宇宙には恒星の周りに多数の惑星があり, ガス状の星ではない惑星は, 岩石を表面に沢山持ち山や川があることも多い.

8247296 m の山が発見されればそれは富士山より大きく高く崇高にそびえているだろう, と夢想した.

8.1 商体

小学校の算数では分数の理解と計算が中心的な課題である. 外国, とくに米国の数学教育において分数教育では多くの苦労があり, 電卓を活用して計算をするようになったため, 分数教育が実質上無くなりそうである. 幸い我が国の算数（数学）教育では分数が立派に維持されている.

そもそも分数が難しいのは，$\frac{2}{3}=\frac{4}{6}$ のように表現が異なっても同じ数を表すことにある．ここでは一般の整域（零因子を持たない可換環）において分数とは何かを考える．

R が整域のとき，R の元を分子，分母に持つ分数を構成することを考えよう．

R の元 $a,b,c,d\,(b,d\neq 0)$ の元から作られた分数 $\frac{a}{b}$ と $\frac{c}{d}$ は通分して分母を同じくした場合 $\frac{ad}{bd}$ と $\frac{bc}{bd}$ となるがこのとき分子が等しいなら分数として等しいと考え，記号で書けば

$$\frac{a}{b}=\frac{c}{d} \iff ad=bc$$

上の関係が自然に決まるように分数を定義しよう．

最初に R の元 a,b の対 (a,b) の集合を考える．ただしここで $b\neq 0$ とする．

集合 $S=\{(a,b)\mid a,b\in R,\ b\neq 0\}$ を定義し，$(a,b),(c,d)\in S$ に関して関係 $\sim$ を

$$(a,b)\sim(c,d) \iff ad=bc$$

で定める．これは同値関係を満たす．すなわち次の3性質をもつ．

- $(a,b)\sim(a,b)$.　（反射律）
- $(a,b)\sim(c,d) \Longrightarrow (c,d)\sim(a,b)$.　（対称律）
- $(a,b)\sim(c,d),\ (c,d)\sim(e,f) \Longrightarrow (a,b)\sim(e,f)$.　（推移律）

(a,b) と関係のある (x,y)（すなわち $(x,y)\sim(a,b)$）全体の集合を (a,b) の代表する**類**（class）といい，それを記号 $[(a,b)]$ で示す．すなわち

$$[(a,b)]=\{(x,y)\in S\mid (x,y)\sim(a,b)\}$$

$[(a,b)]$ は S の部分集合であるが，同値関係の定義により

$$[(a,b)]\cap[(c,d)]\neq\emptyset \iff (a,b)\sim(c,d)$$

が示される．

そこで集合 $[(a,b)]$ を簡単に $\dfrac{a}{b}$ と書くことにし整域 R の**分数**と呼ぶ．

すると，$c\neq 0$ について $\dfrac{a}{b}=\dfrac{ac}{bc}$（約分）などが成立する．

小学校で算数を習って以来，疑いを挟むことなく線の上下に数を書き，分数と呼んできたがその本当の姿は集合 $[(a,b)]$（の略記）だったのである．分数が難しいのには理由のあることであった．

8.2 分数の四足計算

整域 R の分数 $\dfrac{a}{b}$ に対してはその等号の意味は前項により確定したがさらにこれらについて加法，減法，乗法，除法を定める必要がある．それができて初めて分数と言えるものになるのである．

加法は分母を共通にして加える．すなわち次のようにする．

$$\frac{a}{b}+\frac{c}{d}=\frac{ad}{bd}+\frac{bc}{bd}=\frac{ad+bc}{bd}.$$

これで加法の定義が出来ることを確認しなくてはいけない．すなわち，$\dfrac{a}{b}=\dfrac{a'}{b'}$, $\dfrac{c}{d}=\dfrac{c'}{d'}$ とするとき，右側の表記を用いて定義された

$$\frac{a'}{b'}+\frac{c'}{d'}=\frac{a'd'+b'c'}{b'd'}$$

が左側の表記を用いて定義された分数の和と同じこと，すなわち $\dfrac{ad+bc}{bd}=\dfrac{a'd'+b'c'}{b'd'}$ を確認する必要がある．

定義によれば $(ad+bc)b'd'=(a'd'+b'c')bd$ を示せばよい.

それは簡単な計算で容易に示される.

加法が定義されたら次にはこの加法について，結合法則，交換法則を確認する．また $\frac{0}{1}$ が加法の0元になる．減法も同様にできる．乗法は

$$\frac{a}{b}\cdot\frac{c}{d}=\frac{ac}{bd}$$

で定義される．このとき $\frac{1}{1}$ が乗法の単位元になる．次にはこの乗法について，結合法則，交換法則を確認する．さらに，加法と乗法の間で分配法則も成り立つことが簡単な計算で確認できる．ここでは記さない.

$a\neq 0$ のとき

$$\frac{a}{b}\cdot\frac{b}{a}=\frac{ab}{ab}=\frac{1}{1}=1.$$

したがって $\frac{a}{b}$ は逆元を持つのでこれらの分数全体で4則計算が出来る．したがって体になるのでこれを R の**商体**（quotient field ; field of fractions）といい $Q(R)$ と書く.

$R=\mathbf{Q}[X]$ を多項式環とするとその商体は有理式の体になる．これを記号で $\mathbf{Q}(X)$ と書く.

9. 既約分数の謎

$\dfrac{a}{b}$ は既約分数ということばがある，例えば $\dfrac{2}{3}$ を既約分数という.

$\dfrac{a}{b}$ が既約分数ということは，a, b が互いに素，ということと理解出来る.

$\dfrac{2}{3}=\dfrac{4}{6}$ は同じ分数であるが左辺は既約分数，右辺は可約分数というのは本来的には変なことである.

既約分数や可約分数，分母分子は $\dfrac{a}{b}=[(a,b)]$ ではなくその代表 (a,b) に固有の名前であり，代表 (a,b) と代表の表す代表類 $[(a,b)]$ を混用して今日に及んでいると認められる.

分数の教育は小学校の算数教育で最も大切な教材であるが分数にはこのように本質的な困難な問題が隠れていたのである.

9.1 互いに素

最大公約元は定義できなくても，環 R の元 a, b について「a, b が互いに素」，という概念は定義できる．たとえばイデアルの性質 $(a,b)=R$ を満たすとき「a, b は互いに素」と解することにすれば次の結果を理解しやすい.

命題 2　整域 R の元 a, b, c について．a, b が互いに素，すなわち $(a,b)=R$ であって a が bc の因子ならば a は c の因子である.

Proof.

a が bc の因子なので $bc=ak$ と元 k で書ける．仮定から

$1=ax+by$ と R の元 x,y で表されるので c を掛けて

$$c=acx+bcy=acx+aky=a(cx+ky).$$

$f=cx+ky$ とおくと $c=af$．よって a は c の因子．

q.e.d.

9.2　オイラーの補題

補題 1（オイラー）

分数 $\frac{a}{b}=\frac{c}{d}$ において $\frac{a}{b}$ を既約分数としよう．すると，$c=ak, d=bk$ と k でかける．

Proof.

条件から，$ad=bc$. a,b が互いに素，なので上記の補題により a は c の約元になる；$c=ak$．これより，$ad=bc=bak$. R は整域なので，$d=bk$.

q.e.d.

分数を約分するとき既約分数になれば約分の操作は終了する．ここで得られた既約分数は約分の操作に関わらずただ1つに確定する．これを学校教育で特に強調したことは無かったと思われる．

オイラーの既約分数についての補題は，偶数完全数の問題の解決に使われたという．

定理 1　完全数 a は偶数と仮定すると $a=2^eQ$,（$Q=2^{e+1}-1$: 素数），と書ける．

この証明はオイラーの死後遺稿として発見されたそうだ．

オイラーの結果は偶数の完全数は A 型解になるということができる．奇数の完全数は存在しないということは証明できていない．奇数完全数の非存在問題はユークリッドが現在の数学界に提起した最大の難問である．意味はだれでも了解できるが証明は 2000 年以上もできずにいる．

Proof.

偶数と仮定したので，$a=2^eL$, ($e>0$, L ：奇数，と書ける．
$N=2^{e+1}-1$ とおくとき，$a=2^eL$ なので，
$\sigma(a)=\sigma(2^e)\sigma(L)=N\sigma(L)$.
一方，$2a=2^{e+1}L=(N+1)L$ によると，$N\sigma(L)=(N+1)L$.
ゆえに，$N(\sigma(L)-L)=L$. 記号 $\mathrm{co}\sigma(L)=\sigma(L)-L$ を使うと
$N\mathrm{co}\sigma(L)=L$.
$d=\mathrm{co}\sigma(L)$ とおくとき，$Nd=L$.

i． $d=1$ とすると，$d=\mathrm{co}\sigma(L)=1$ なので，L: 素数.
$Nd=N=2^{e+1}-1=L$，L: 素数なので，$a=2^eL$ ：ユークリッドの完全数になる．

ii. $d\geqq 2$ とすると，$Nd=L$, $N>2$ により，$d, L, 1$ は相異なる L の約数.

$$\sigma(L)\geqq d+L+1$$

L を移項して $\sigma(L)-L\geqq d+1$. $d=\mathrm{co}\sigma(L)$ に矛盾.

q.e.d.

9.3 オイラーの証明

オイラーの既約分数の性質を使う．

$N\sigma(L)=(N+1)L$. （ここまでは同じ）

$\dfrac{N}{N+1}=\dfrac{L}{\sigma(L)}$. と変形すると左辺は既約分数だから，オイ

ラーの補題によって，自然数 k があり $\sigma(L)=k(N+1)$, $L=kN$ と書ける．

i．$k=1$ なら，$\sigma(L)=N+1$, $L=N$. L：素数．$2^{e+1}-1=L$, L: 素数なので，$a=2^e L$：ユークリッドの完全数になる．

ii．$k \geqq 2$ なら，$\sigma(L) \geqq 1+k+N$, $\sigma(L)=N+1$. 矛盾

q.e.d.

10．超完全数

$A=2^{e+1}-1+m$ が自然数でかつ素数のとき改めて，$a=2^e$ とおくと $\sigma(a)=2^{e+1}-1$，ゆえに $A=\sigma(a)+m$ を満たす．$\alpha=aA$ は平行移動 m のユークリッド完全数である．

A は素数なので $\sigma(A)=A+1=2^{e+1}+m=2a+m$ を満たす．

かくして得られた2式 $A=\sigma(a)+m$, $\sigma(A)=2a+m$ を自然数変数 a, A についての連立方程式とみなしこの解を平行移動 m の超完全数という．

定義1　自然数変数 a, A が式 $A=\sigma(a)+m$, $\sigma(A)=2a+m$ を満たすとき, a を平行移動 m の完全数, A をそのパートナーという．

定理2　$m=0$ のとき超完全数 a は偶数なら 2^e となりパートナー A はメルセンヌ素数で aA は完全数となる．

これは Suryanaryana (1969) による結果で証明がオイラーの偶数完全数の定理と類似しているし，また証明の筋も同様である．

Proof.

$m=0$ なので，定義式は $A=\sigma(a)$，$\sigma(A)=2a$.

a は偶数と仮定したので $a=2^e L$，(L: 奇数) と書ける. $N=2^{e+1}-1$ とおくと，$N\geqq 3$, $A=\sigma(a)=N\sigma(L)$，$\sigma(A)=2a$.

一方 $2a=2*2^e L=(N+1)L=\sigma(A)$.

i. $L=1$ のとき，$a=2^e$, $A=N$, $(N+1)L=\sigma(A)$ によって，$\sigma(A)=(N+1)L=N+1=A+1$. それゆえ A: 素数.
$A=N=2^{e+1}-1$ なのでこれはメルセンヌ素数.

ii. $L\geqq 3$ のとき，$\sigma(L)>3$. $A=N\sigma(L)$ によると，N と $\sigma(L)$ は A の約数で $\sigma(L)>3$ なのでこれらは $A,1$ と異なる真の約数である.
$\sigma(A)=A+1+L+\cdots$. 一方 $(N+1)L=\sigma(A)$, $A=N\sigma(L)$, $\sigma(L)>L$ により

$$\begin{aligned}NL+L&=\sigma(A)=A+1+L+\cdots\\&=N\sigma(L)+1+L+\cdots\geqq NL+L+1.\end{aligned}$$

かくして矛盾が出た. q.e.d.

結果として完全数を素因数分解すると超完全数 a とそのパートナー A が因数として出現することがわかった. 実に不思議な現象である.

ここで定義式は，$A=\sigma(a)$, $\sigma(A)=2a$ なので $\sigma^2(a)=2a$ となりこれを満たすとき a を super perfect number と呼ぶ (Suryanaryana)

私はこれの平行移動を定義し超完全数の一般化を考えた.

11. 第2種スーパー完全数

ここでは少し定義を変更し第2種スーパー完全数を導入してみよう.

奇素数 h を乗数とし, m を平行移動のパラメータとする点は同じだが. 今度は $a=2^e h$, $(e>0)$ とし $\tilde{h}=h+1$ とおく.

$N=2^{e+1}-1$ とおくと $\sigma(a)=N(h+1)=Nh+N=N\tilde{h}$

$A=\sigma(a)+m$ は素数と仮定する.

$A=\sigma(a)+m=N\tilde{h}+m$, $Nh=2a-h$ によって

$$\sigma(A)=A+1=Nh+N+1+m=2a-h+2^{e+1}+m.$$

これを h 倍して $h\sigma(A)=2ah-h^2+2a+mh=2a\tilde{h}-h^2+mh.$

以上えられた2つの等式を用いて次の超完全数を導入する.

定義 2　$A=\sigma(a)+m$, $h\sigma(A)=2a\tilde{h}-h^2+mh$ を満たす a を乗数 h の第2種超完全数 (super perfect numbers of the second kind), A をそのパートナーという.

命題 3　第2種スーパー完全数において, $a=2^{\varepsilon}h$, $(\varepsilon>0)$ と仮定すれば A は素数になる.

この証明は後回し.

命題 4　第2種スーパー完全数において, A は素数とすると $h\sigma(a)=\tilde{h}(2a-h)$ を満たす.

Proof.

A を素数と仮定すれば, $\sigma(A)=A+1$.

第2種スーパー完全数の定義式から $A=\sigma(a)+m$, $h\sigma(A)=$

$2a\tilde{h}-h^2+mh$.

$h\sigma(A)=h(A+1)=h+h(\sigma(a)+m)$, $h\sigma(A)=2a(h+1)-h^2+mh$

これらより，$h(\sigma(a))+h=2a(h+1)-h^2$.

整理して $h\sigma(a)=2a(h+1)-h(h+1)=(h+1)(2a-h)=\tilde{h}(2a-h)$.

ゆえに $h\sigma(a)=\tilde{h}(2a-h)$. 逆は容易. q.e.d.

一般に $a=h2^e$ と奇素数 h で書けるとき，$h\sigma(a)=\tilde{h}(Nh)=\tilde{h}(2a-h)$.

ゆえに $h\sigma(a)=\tilde{h}(2a-h)$ を満たす.

$h\sigma(a)=\tilde{h}(2a-h)$ を満たす自然数 a を h-概完全数（h-almost perfect number）という.

$h=1$ なら $\tilde{h}=1$ とみた結果，概完全数の定義式は $\sigma(a)=2a-1$ となる. これは概完全数の定義式である.

実は概完全数は2べきになるという予想がありこれを概完全数予想という.

h-概完全数について $h=3$ のときの計算結果は次の通りである.

$a=684=2^2*3^2*19$ についてこれが3-概完全数であることを確認してみよう.

$\sigma(a)=7*13*20$, $3\sigma(a)=5460$;

一方 $2a-h=2*684-3=1365$, $4*1365=5460$ となるのでこれは3-概完全数.

このほかに3-概完全数があるだろうか.

多分概完全数は数多くある. 1つでも発見した人はご一報して下さい.

表8 : h – 概完全数，$h=3$

a	素因数分解
3	3
6	$2*3$
12	2^2*3
24	2^3*3
48	2^4*3
96	2^5*3
192	2^6*3
384	2^7*3
684	2^2*3^2*19
768	2^8*3
1536	2^9*3

この他 $h=7, 13$ のときも $h2^e$ と書けない例が発見されている．

表9 : h – 概完全数，$h=7$

a	素因数分解
7	7
14	$2*7$
28	2^2*7
56	2^3*7
112	2^4*7
224	2^5*7
448	2^6*7
896	2^7*7
1792	2^8*7
3584	2^9*7
5390	$2*5*7^2*11$
7168	$2^{10}*7$
14336	$2^{11}*7$
28672	$2^{12}*7$
55664	2^4*7^2*71

$h=13$ のとき $a=524576=2^5*13^2*97$ という解がある．

初項が奇素数で公比が素数の等比数列の和の公式が数論的にみて興味ある対象である．

命題5　a が第2種スーパー完全数において，h-概完全数，すなわち $h\sigma(a)=\tilde{h}(2a-h)$ を満たすと仮定すれば A は素数になる．

Proof.

定義式から

$$\begin{aligned}h\sigma(A)&=2a\tilde{h}-h^2+mh\\&=\tilde{h}(2a-h+h)-h^2+mh\\&=\tilde{h}(2a-h)+h(h+1)-h^2+mh\\&=h\sigma(a)+h+mh\\&=h(\sigma(a)+m)+1\\&=h(A+1)\end{aligned}$$

ゆえに $h\sigma(A)=h(A+1)$; $\sigma(A)=A+1$.　A は素数.

q.e.d.

したがって第2種スーパー完全数において h-概完全数となる必要十分条件は A は素数という美しい結果がでる．

第2種スーパー完全数において $a=2^{\varepsilon}h,(\varepsilon>0,\ A)$（$A$ は素数）と書ける解を通常解という．

12．第2種スーパー完全数の例

表10：第2種スーパー完全数，$h=3$

a	素因数分解	A	素因数分解
$m=-1$			
3	3	3	3
6	$2*3$	11	11
24	2^3*3	59	59
96	2^5*3	251	251
384	2^7*3	1019	1019
1536	2^9*3	4091	4091
$m=1$			
3	3	5	5
6	$2*3$	13	13
12	2^2*3	29	29
24	2^3*3	61	61
192	2^6*3	509	509
384	2^7*3	1021	1021
1536	2^9*3	4093	4093
6144	$2^{11}*3$	16381	16381
$m=3$			
12	2^2*3	31	31
48	2^4*3	127	127
3072	$2^{10}*3$	8191	8191
684	2^2*3^2*19	1823	1823
3	3	7	7
15	$3*5$	27	3^3
1155	$3*5*7*11$	2307	$3*769$

$h=3$, $m=3$ の例において，$a=684=2^2*3^2*19$, $A=1823$（素数）の例が目立つ．

$m=-1,1$ のとき $a>3$ なら通常解だけかという問いを出したい．

さらに

表 11：第 2 種スーパー完全数， $h=3$, $m=11$

a	素因数分解	A	素因数分解
6	$2*3$	23	23
15	$3*5$	35	$5*7$
24	2^3*3	71	71
96	2^5*3	263	263
384	2^7*3	1031	1031
684	2^2*3^2*19	1831	1831
14226	$2*3*2371$	28475	$5^2*17*67$
4344	$2^3*3*181$	10931	$17*643$

表 12：第 2 種スーパー完全数， $h=7$, $m=17$

a	素因数分解	A	素因数分解
7	7	19	19
28	2^2*7	67	67
56	2^3*7	131	131
1792	2^8*7	4099	4099
5390	$2*5*7^2*11$	12323	12323
14336	$2^{11}*7$	32771	32771

7 - 概完全数 $a=2*5*7^2*11$ のパートナには $A=12329$: 素数が対応している．

ここで第 2 種スーパー完全数のダブル B 型解を探してみたところ $m=-69$ で見つかった．これは意外である．

表 13：第2種スーパー完全数，　$m=-69$

a	素因数分解	A	素因数分解	aA
138	$2*3*23$	219	$3*73$	30222
174	$2*3*29$	291	$3*97$	50634
318	$2*3*53$	579	$3*193$	184122
498	$2*3*83$	939	$3*313$	467622
534	$2*3*89$	1011	$3*337$	539874
642	$2*3*107$	1227	$3*409$	787734
678	$2*3*113$	1299	$3*433$	880722
894	$2*3*149$	1731	$3*577$	1547514
1038	$2*3*173$	2019	$3*673$	2095722
1182	$2*3*197$	2307	$3*769$	2726874
1434	$2*3*239$	2811	$3*937$	4030974
192	2^6*3	439	439	84288
1275	$3*5^2*17$	2163	$3*7*103$	2757825
22	$2*11$	116	2^2*29	a の型
92	2^2*23	520	2^3*5*13	A
376	2^3*47	2192	2^4*137	A
6112	2^5*191	36416	2^6*569	A
24512	2^6*383	146560	$2^7*5*229$	A
6290432	$2^{10}*6143$	37734400	$21*5^2*11*67$	A
7125232	$2^4*97*4591$	42151456	$2^5*23*57271$	D

第一ブロックでは $a=6p$, $A=3q$ となる．これはダブル B 型解で，在来の超完全数とのつながりが感じられる．

$A=\sigma(a)+m$, $h\sigma(A)=2a\tilde{h}-h^2+mh$ のとき $h=3$, $m=-69$ を代入すると，$A=\sigma(a)-69$, $3\sigma(A)=8a-9-3*69$ に $a=6p$, $A=3q$ を代入すると，$q=4p-19$.

$p=19$, $q=73$ などでこれらはスーパー双子素数.

$a=\alpha p$, $A=\beta q$ とおくと，$\alpha=6$, $\beta=3$ でこれらは互いに素ではない．ダブル B 型解で α,β は互いに素ではない初めての例である．

表 14：第 2 種スーパー完全数， $m=-301$

a	素因数分解	A	素因数分解
132	2^2*3*11	35	$5*7$
156	2^2*3*13	91	$7*13$
204	2^2*3*17	203	$7*29$
228	2^2*3*19	259	$7*37$
276	2^2*3*23	371	$7*53$
1068	2^2*3*89	2219	$7*317$
1164	2^2*3*97	2443	$7*349$
1236	$2^2*3*103$	2611	$7*373$
1284	$2^2*3*107$	2723	$7*389$
1308	$2^2*3*109$	2779	$7*397$
1644	$2^2*3*137$	3563	$7*509$
1788	$2^2*3*149$	3899	$7*557$
1956	$2^2*3*163$	4291	$7*613$
2076	$2^2*3*173$	4571	$7*653$
2148	$2^2*3*179$	4739	$7*677$
2316	$2^2*3*193$	5131	$7*733$
2388	$2^2*3*199$	5299	$7*757$
2676	$2^2*3*223$	5971	$7*853$
384	2^7*3	719	719
582	$2*3*97$	875	5^3*7

第一ブロックでは $a-12p$, $A-7q$ となる．これはダブル B 型解で，在来の超完全数とのつながりが感じられる．

$a=\alpha p$, $A=\beta q$ とおくと，$\alpha=12$, $\beta=7$．　$\alpha\beta=84=28*3$, $h=3$.

ここに完全数 28 が登場したことは注目に値する．

13．ダブル B 型解

第 2 種スーパー完全数の連立定義式

$$A=\sigma(a)+m,\ h\sigma(A)=2a\tilde{h}-h^2+mh$$

を満たす解で定数 α,β に素数をかけた形になるものが複数個あるとしよう．すなわち $a=\alpha p$，$A=\beta Q$ と書けて，さらに相異なる素数 p,Q がそれぞれ複数個あるとする．

これらを第2種スーパー完全数の定義式に代入すると

$$A=\beta Q=\sigma(a)+m=\sigma(\alpha p)+m,$$

$X=\sigma(\alpha)+m$ とおけば $\beta Q-\sigma(\alpha)p=X$．

$$\begin{aligned} h\sigma(A)&=h\sigma(\beta Q)\\ &=2a\tilde{h}-h^2+mh\\ &=2\alpha p\tilde{h}-h^2+mh \end{aligned}$$

$\beta Q=\sigma(\alpha)p+\sigma(\alpha)+m$．

次に

$$h\sigma(\beta Q)=h\sigma(\beta Q)=h\sigma(\beta)(Q+1)=2\alpha p\tilde{h}-h^2+mh$$

によって，$Y=-h\sigma(\beta)-h^2+mh$ とおくと次の式を得る．

$$h\sigma(\beta)Q-2\alpha\tilde{h}p=Y$$

これら2式を次のように行列とベクトルを用いて書き直す．

$G=\begin{bmatrix}\beta & -\sigma(\alpha)\\ h\sigma(\beta) & -2\tilde{h}\alpha\end{bmatrix}$，$\mathbf{u}=\begin{bmatrix}Q\\ p\end{bmatrix}$，$\mathbf{w}=\begin{bmatrix}X\\ Y\end{bmatrix}$ とおくと，$G\mathbf{u}=\mathbf{w}$ と書き直せる．

p,Q がそれぞれ複数個あると仮定したので，クラメルの公式により $\det G=0$．一方行列 G の行列式の定義により，

$$\det G=h\sigma(\alpha)\sigma(\beta)-2\tilde{h}\alpha\beta.$$

ゆえに，

$$h\sigma(\alpha)\sigma(\beta)=2\tilde{h}\alpha\beta.$$

α,β は互いに素と仮定したので，$\Delta=\alpha\beta$ とおくと $\sigma(\Delta)=\sigma(\alpha)\sigma(\beta)$ を満たす．したがって

$$h\sigma(\Delta)=2\tilde{h}\Delta.$$

とくに $h=1$ とおくと $\sigma(\Delta)=2\Delta$.

$h=3$ のとき $3\sigma(\Delta)=8\Delta$.

$h=5$ のとき $5\sigma(\Delta)=12\Delta$.

$h\sigma(\Delta)=2\tilde{h}\Delta$ はユークリッドの完全数 $a=2^e Q$（$Q=2^{e+1}-1$：素数）に対して $2, Q$ らと互いに素な素数 h をかけて得られた式そのものである.

これは，次に定義する乗数 h の完全数と言ってよいだろう.

14. 乗数つき完全数

完全数 $a=2^e Q$（$Q=2^{e+1}-1$：素数）に対して $2, Q$ らと互いに素な素数 h をかけて得られた $\alpha=2^e hQ$ の満たす式を考える.

$N=2^{e+1}-1$ とおくとき，$\sigma(\alpha)N(Q+1)\tilde{h}=\tilde{h}(NQ+N)$. 整理すると $h\sigma(\alpha)=\tilde{h}(NhQ+hN)$.

一方，$NhQ=(2^{e+1}-1)hQ=2\alpha-hQ$ を用いて

$$h\sigma(\alpha)=\tilde{h}(2\alpha-hQ+hN)=2\tilde{h}\alpha+\tilde{h}(-hQ+hN)$$

$Q=2^{e+1}-1=N$ によれば，$-hQ+hN=0$

ゆえに，$h\sigma(\alpha)=2\tilde{h}\alpha$.

念のため定義式を再録する.

定義 3　$h\sigma(\alpha)=2\tilde{h}\alpha$ を満たす α を乗数 h の完全数という

平行移動のパラメータ m を用いて少し一般化して示す.

定理3　$2^e Q$, $Q=2^{e+1}-1+m$：素数，に対して $2,Q$ らと互いに素な素数 h をかけて得られた式 $a=2^e Qh$ を満たす方程式は $h\sigma(\alpha)=2\tilde{h}\alpha-h\tilde{h}m$ である．

Proof.

$\alpha=2^e Qh$ に対して，$N=2^{e+1}-1$ とおく．

$$\begin{aligned} h\sigma(\alpha) &= \tilde{h}Nh(Q+1) \\ &= \tilde{h}2*2^e*h(Q+1)-\tilde{h}h(Q+1) \\ &= \tilde{h}(2\alpha+h2^{e+1}-h(Q+1)) \\ &= \tilde{h}(2\alpha+h2^{e+1}-h(2^{e+1}+m)) \\ &= \tilde{h}(2\alpha-mh) \end{aligned}$$

かくして

$$h\sigma(\alpha)-2\tilde{h}\alpha=-mh\tilde{h} \qquad \text{q.e.d.}$$

表15：乗数 h の完全数，　$m=0$

a	$h=3$	a	$h=5$
84	2^2*3*7	30	$2*3*5$
270	$2*3^3*5$	140	2^2*5*7
1488	2^4*3*31	2480	2^4*5*31
1638	$2*3^2*7*13$	6200	2^3*5^2*31
24384	$2^6*3*127$	40640	$2^6*5*127$

$h=3$ のとき，84，1488，24384 はそれぞれ完全数 28，496，8128 の 3 倍となっている．最も簡単な完全数は 3 と共通の約数 3 をもつために消えたのであろう．

その代わり新参者 270，1638 が登場した．

$h=5$ では次に 6 の 5 倍 30 が出ている．

完全数 80 の研究を開始する．

15. ユークリッドの完全数の一般化

第2種スーパー完全数において，$a=2^e h, (e>0)$ とすると A は素数になる．

このとき，$\alpha=aA$ をユークリッドの完全数のある種の一般化とみなすことができる．

そこで $\alpha=aA$ の満たす方程式を $\sigma(\alpha)$ と $\varphi(\alpha)$ を用いて構成する．（これはかなり苦労を伴う作業であった．）

あらためて $a=2^e h, (e>0)$ とし A は素数．その上 $N=2^{e+1}-1$ とおいたことを思い出しておこう．

a は第2種スーパー完全数であると仮定しているので $A=\sigma(a)+m,\ h\sigma(A)=2a\tilde{h}-h^2+2a+mh,\ (\tilde{h}=h+1)$ を満たす．

$\sigma(a)=N(h+1)=Nh+N=N\tilde{h}.$

$hN=h2^{e+1}-h=2a-h$ によって，

$h\sigma(a)=hN(h+1)=(2a-h)\tilde{h}.$

その上，$A=\sigma(a)+m,\ \sigma(a)=N\tilde{h}$ によると，

$A-m=\sigma(a)=N\tilde{h}.$

$$hA-hm=Nh\tilde{h}=2a\tilde{h}-\tilde{h}h.$$

$\alpha=aA$ について，

$$\sigma(\alpha)=\sigma(a)(A+1)=N\tilde{h}A+N\tilde{h}$$

h を乗じて

$$h\sigma(\alpha)=\tilde{h}NhA+Nh\tilde{h}$$

$NhA=(2^{e+1}-1)hA=(2a-h)A=2\alpha-Ah$ を使うと

$$h\sigma(\alpha)=\tilde{h}NhA+Nh\tilde{h}=\tilde{h}(2\alpha-Ah)+h(A-m)$$

これより整理して

$$h\sigma(\alpha)=\tilde{h}(2\alpha-Ah)+h(A-m)=2\tilde{h}\alpha-Ah^2-mh$$

ゆえに

$$h\sigma(\alpha)=2\tilde{h}\alpha-Ah^2-mh. \tag{1}$$

次に，A を $\varphi(\alpha)$ を用いて表す式を作る．

$\alpha=aA=h2^eA$ について，$2\varphi(\alpha)=\bar{h}\,2^e(A-1)$ によって，

$$2h\varphi(\alpha)=\bar{h}\,2^e h(A-1)=\bar{h}(\alpha-a)$$

$2\tilde{h}$ を乗じると

$$4\tilde{h}h\varphi(\alpha)=2\tilde{h}\bar{h}\,\alpha-2a\tilde{h}\bar{h}. \tag{2}$$

$\tilde{h}\bar{h}=h^2-1$ を以後 h_2 で引用する．

$$4\tilde{h}h\varphi(\alpha)=2h_2(\alpha-a). \tag{3}$$

一方，$A-m=N\tilde{h}$ に h を掛けて

$h(A-m)=Nh\tilde{h}=(2a-h)\tilde{h}=2a\tilde{h}-h\tilde{h}$ によれば，

$$2a\tilde{h}=h\tilde{h}+hA-hm$$

これを式(2)に代入して

$$4\tilde{h}h\varphi(\alpha)=2\tilde{h}\bar{h}\,\alpha-(h\tilde{h}+hA-hm)\bar{h}.$$

ゆえに，

$$4\tilde{h}h\varphi(\alpha)=2\tilde{h}\bar{h}\,\alpha-(h\tilde{h}-hm)\bar{h}-Ah\bar{h}. \tag{4}$$

これによって，$Ah\bar{h}$ が $\varphi(\alpha)$ および α で表すことができた．

式(1)に $\bar{h}$ を乗じると

$$\bar{h}\,h\sigma(\alpha)=2\tilde{h}\bar{h}\,\alpha-\bar{h}\,Ah^2-mh\bar{h}$$

式(4)に h を乗じる．

$$4\tilde{h}h^2\varphi(\alpha)=2\tilde{h}\bar{h}\,h\alpha-(h\tilde{h}-mh)h\bar{h}-\bar{h}\,Ah^2. \tag{5}$$

先の式から引くと次式をえる．

$$h\bar{h}\,\sigma(\alpha)=4\tilde{h}h^2\varphi(\alpha)-2\tilde{h}^2 h\alpha-(m-h)h\tilde{h}\bar{h}$$

定義 1　上の式を満たす α を完全数 80 という．

$A=h\overline{h}$, $B=4\tilde{h}h^2$, $C=-2\overline{h}^2\tilde{h}$, $D=-(m-h)h\tilde{h}\overline{h}$ とおくと

$$A\sigma(\alpha)=B\varphi(\alpha)+C\alpha+D$$

k を定数とし，複数の素数 p によって，$\alpha=kp$ が解になるとしよう．

$A\sigma(kp)=B\varphi(kp)+Ckp+D$ により

$$A\sigma(k)p+A\sigma(k)=B\varphi(k)p-B\varphi(k)+Ckp+D$$

これを p の式として整理すると

$$(A\sigma(k)-B\varphi(k)-Ck)p+A\sigma(k)+B\varphi(k)-D=0.$$

この式満たす p は仮定から複数個あるので，p の係数は 0.

$$A\sigma(k)-B\varphi(k)-Ck=0,\ \ A\sigma(k)+B\varphi(k)-D=0.$$

与えられた h に対して式 $A\sigma(k)-B\varphi(k)-Ck=0$ を満たす k を変異完全数という．

この k に対し式 $A\sigma(k)+B\varphi(k)-D=0$ を満たす m を m_0 と書きこれをキーという．

表 1：完全数 80 の変異型，$h=3$

k	素因数分解	キー m_0	素因数分解
372	2^2*3*31	941	941
1242	$2*3^3*23$	3093	$3*1031$
6096	$2^4*3*127$	16061	16061
170694	$2*3^3*29*109$	425589	$3*141863$

これらは古典的完全数 6，28，496，8128 に対応するものである．

$372=2^2*3*31$，$6096=2^4*3*127$ には古典的完全数の重要成分メルセンヌ素数 31，127 が見える．

上記で決定された m_0 に対して次式を満たす α を宇宙完全数という．

表 2：宇宙完全数型，$h=3$，$m_0=-941$

α	素因数分解
1860	$2^2*3*5*31$
2604	$2^2*3*7*31$
4092	$2^2*3*11*31$
4836	$2^2*3*13*31$
6324	$2^2*3*17*31$
7068	$2^2*3*19*31$
8556	$2^2*3*23*31$
10788	$2^2*3*29*31$
13764	$2^2*3*31*37$
15252	$2^2*3*31*41$
15996	$2^2*3*31*43$
17484	$2^2*3*31*47$
19716	$2^2*3*31*53$
$372p$	$2^2*3*31*p$
13002	$2*3*11*197$
29562	$2*3*13*379$
30336	2^7*3*79

表 3：宇宙完全数型，$h=3$，$m_0=-3093$

α	素因数分解
6210	$2*3^3*5*23$
8694	$2*3^3*7*23$
13662	$2*3^3*11*23$
16146	$2*3^3*13*23$
21114	$2*3^3*17*23$
23598	$2*3^3*19*23$
36018	$2*3^3*23*29$
38502	$2*3^3*23*31$
45954	$2*3^3*23*37$
45954	$2*3^3*23*37$
50922	$2*3^3*23*41$
—	—
90504	2^3*3^3*419
50922	$2*3^3*23*41$
53406	$2*3^3*23*43$

フェルマ素数のファミリ

ピエール・ド・フェルマー（Pierre de Fermat, 1607-1665）

1．転写解と内生解

完全数とは $\sigma(a)=2a$ を満たす自然数 a のことである．ここで $\sigma(a)$ は自然数 a の約数の和を表す．

さて，与えられた整数 m に対して平行移動 m の完全数とは $\sigma(a)=2a-m$ を満たす自然数 a のことである．平行移動 m の完全数は m によってさまざまな形を見せるのできわめて興味ある研究対象になる．

そこで，$\sigma(a)$ の代わりにオイラー関数 $\varphi(a)$ を用いて与えられた整数 N に対して $2\varphi(a)-a=N$ を満たす自然数 a を調べてみよう．

1．方程式 $2\varphi(a)-a=1$ の解

もっとも簡単な $N=1$ の場合を調べてみよう．すなわち $2\varphi(a)-a=1$ の場合を $a\leqq 1000000$）についてコンピュータによる全数調査で調べる．

表1：$2\varphi(a)-a=1, (a\leqq 1000000)$，コンピュータによる全数調査

a	素因数分解
3	3
15	3 * 5
255	3 * 5 * 17
65535	3 * 5 * 17 * 257

この表から，フェルマ素数 3，5，17，257 の積が順を追って出

てくることがわかる.

つぎの解は $3*5*17*257*65537$ になるとだれしも思うであろう. 実際に $3*5*17*257*65537$ は解である. しかし, これで終わりではなく別系統の解があと 2 つある. これについては後にふれる.

方程式 $2\varphi(a)-a=1$ の解にはこのように著しい性質がある.

この場合の解の構造をよく見ると, 解 a に対して $p=a+2$ となる素数 p がある場合 $a'=ap$ が次の解になっている. たとえば $a=15$ に対し $p=a+2=17$ は素数であり, $a'=15*17=255$ が次の解である. $p'=a+2=257$ も素数であり,
$a''=a'*15*17*2575$ は次の解であり, これは看過し得ない不思議な性質である.

フェルマ素数とメルセンヌ素数は数学者の中ではたいそう人気がある. この研究の目的はフェルマ素数とよく似た素数の系列をオイラー関数を用いて掘り出すことである.

2. 素数 1 つ添加

$2\varphi(a)-a=1$ を満たすとき $a'=ap$ とおき ($a<p$ となる素数 p) $2\varphi(a')-a'=N$ としてみる.

$2\varphi(a')=2\varphi(a)(p-1)=a'+N$ に $2\varphi(a)=a+1$ を代入する.

$$2\varphi(a')=(a+1)(p-1)=a'-a+p-1.$$

さて $2\varphi(a')=a'+N$ から $a'+N=a'-a+p-1$. ゆえに $p=a+N+1$.

したがって次の補題をえる.

補題 1　$2\varphi(a)-a=1$ の解 a に $N+1$ を加えた $p=a+N+1$ が素数なら $2\varphi(a')-a'=N$ を満たす解 $a'=pa$ がえられる．

したがって解 a に素数 p を用いて次なる解 $a'=pa$ がえられた．この方法で解を求めることを無性生殖という．

2.1　$N=1$ の場合

$N=1$ とする．$p=a+N+1=a+2$ なので，$2\varphi(a)-a=1$ の解 a に対し $p=a+2$ が素数なら $2\varphi(a)-a=1$ の次なる解ができる．巧くいけば次々に解がでてくる．

$2\varphi(a)-a=1$ の一番小さい解 $a=3$ からはじめる．

表 2：$2\varphi(a)-a=1$ の解

a	$p=a+2$	$a'=ap$
3	5	$15=3*5$
$3*5$	17	$3*5*17$
$3*5*17$	257	$3*5*17*257$
$3*5*17*257$	65537	$3*5*17*257*65537$
$3*5*17*257*65537295$	$p=a+2$ 非素数	

最後の $a=3*5*17*257*65537=4,294,967,295$ は 100 万を大きく超えるので，最初の表には出て来なかった．

解 $a=3*5*17*257*65537=4294967295$ に対して

$a+2=4294967297=641*67004174294967297$ は素数ではない．したがって，ここで，系列は終了する．

ここでの解はフェルマー素数の積で作られている．解の列を主系列と言う．

解がこのような主系列で尽きていれば，解は単純で美しい構造を持つと言ってよいだろう．しかしこれは正しくなく解の別の系列があり，このことを匿名のメールで知らされた．

したがって $2\varphi(a)-a=1$ の解 a に $p=a+2$ が素数のとき解 ap を作るという無性生殖だけでは不十分であった．そこで 2 素数の添加をしてみよう．

2.2　2 素数の添加

$2\varphi(a)-a=1$ の解 a に対して $a<p<q$ となる素数 p,q を用いて $a''=apq$ とおく．これはある定数 N について方程式 $2\varphi(a)=a+N$ の解になると仮定する．したがって $2\varphi(a'')=a''+N$ を満たす．

$\varphi(a'')=\varphi(a)(p-1)(q-1)$ によって $B=pq,\ \Delta=p+q$ とおくとき $(p-1)(q-1)=B-\Delta+1$ が成り立つので

$$\begin{aligned}2\varphi(a'')&=2\varphi(a)(B-\Delta+1)\\&=(a+1)(B-\Delta+1)\\&=a''+N=aB+N.\end{aligned}$$

それゆえ $(a+1)(B-\Delta+1)-aB=N$ が成立し

$$(a+1)(B-\Delta+1)-aB=B-\Delta+1-a(\Delta+1)=N.$$

かくして $B-\Delta(a+1)=N-a-1$ をえる．そこで新しい記号 $\tilde{a}=a+1$ を用いると $B-\tilde{a}\Delta=N-\tilde{a}$．また次式も成り立つ．

$$(p-\tilde{a})(q-\tilde{a})=B-\tilde{a}\Delta+\tilde{a}^2.$$

$p_0=p-\tilde{a},\ q_0=q-\tilde{a}$ と定めさらに $B_0=p_0q_0$ とおくと，$B-\tilde{a}\Delta=B_0-\tilde{a}^2$．

$$B_0-\tilde{a}^2=B-\tilde{a}\Delta=N-\tilde{a}.$$

$D=a^2+a+N=\tilde{a}^2-\tilde{a}+N$ を導入すると $p_0q_0=B_0=D$ を満たす．

ここで話を逆転させて次の結果をえる．

補　題2　$2\varphi(a)-a=1$ の解 a と，与えられた N に対し $D=a^2+a+N$ とおき $p_0q_0=D$ と分解する．このとき $p=p_0+\tilde{a}$ と $q=q_0+\tilde{a}$ がともに素数となるとき，$a''=apq$ は $2\varphi(a'')=a''+N$ を満たす．

2つの素数 p, q から新しい解 $a''=apq$ が誕生したのでこのようにして解をえることを有性生殖という．

2.3　数値例

$2\varphi(a)-a=1$ の解 a に対して，$N=1$ をとると $\tilde{a}=4$, $D=9+3+1=13$．これは素数なので，$p_0=1$, $q_0=13$ とおくとき $p=4+p_0=5$, $q=4+q_0=17$．よって解 $a''=3*5*17$ を得る．

この計算を次のように繰り返し図式化する．

表3：$2\varphi(a)-a=1$ の解から有性生殖解を作る

a	$\tilde{a}$	D	p, q	$a''=apq$
3	4	$13=1*13$	$p=5, q=17$	$3*5*17$
$3*5$	16	$241=1*241$	$p=17, q=257$	$3*5*17*257$
$3*5*17$	256	$65281=1*65281$	$p=257, q=65537$	$3*5*17*257*65537$
$3*5*17$	256	$65281=97*673$	$p=353, q=929$	$3*5*17*353*929$

$a=3*5$ のとき $a''=3*5*17*257$ をえるが無性生殖を繰り返してできた解と同じなのでありがたみに欠ける．

$a=3*5*17$ の場合は事態が動き，解 $a_1=3*5*17*257$

$*65537$ と $a_2=3*5*17*353*929$ が出てきた. かくして有性生殖により新しい解が創出された.

$a_1+2=3*5*17*257*65537+2=641*6700417$ は素数ではないからここからは新しい解はない.

しかし $p=a_2+2=3*5*17*353*929+2=83623937$ は素数なので, さらに無性生殖により新しくて巨大な解 $3*5*17*353*929*83623937$ が得られた.

ここでは $2\varphi(a)-a=1$ のもっとも小さい解 3 からはじまり, 素数 1 つの追加, さらに素数 2 個追加によって $2\varphi(a)-a=1$ の解が得られ計 7 個発見された. このように $2\varphi(a)-a=1$ の解から $2\varphi(a)-a=1$ の得られた新しい解を内生解と呼ぶ.

この名前にした理由は当時, 放送大学のビデオ講義で発生学を勉強していたせいである.

このようにして, $2\varphi(a)-a=1$ のより完全な解の表ができた.

表 4: $2\varphi(a)-a=1$ のもっとも精密な解の表

a	素因数分解
3	3
15	$3*5$
255	$3*5*17$
65535	$3*5*17*257$
4294967295	$3*5*17*257*65537$
83623935	$3*5*17*353*929$
6992962672132095	$3*5*17*353*929*83623937$

しかしながら $2\varphi(a)-a=1$ の解が上の表で尽きているかどうかはまったくわからない.

3．方程式 $2\varphi(a)-a=3$ の解

方程式 $2\varphi(a)-a=1$ の解がおおむねわかったことにして次に，方程式 $2\varphi(a)-a=3$ の解の構造を調べる．

表5：$2\varphi(a)-a=3\,(a \leqq 1000000)$，コンピュータによる全数調査

a	素因数分解	注釈
5	5	new
9	3^2	*
21	$3*7$	new
45	3^2*5	*
285	$3*5*19$	new
765	3^2*5*17	*
27645	$3*5*19*97$	new
196605	$3^2*5*17*257$	*

注釈欄に，* のついた解は，3^2, 3^2*5, 3^2*5*17 などでありこれらは，$2\varphi(a)-a=1$ の解の3倍である．

3.1　第2種転写の方程式

補題3　素数 p に対して $a=p^j\alpha$（$j>0, p, \alpha$：互いに素）とする．

a は $2\varphi(a)-a=M$ の解として，$N=pM$ とおくと $a'=p^{j+1}\alpha$ は $2\varphi(a')-a'=pM=N$ を満たす．

Proof.

$2\varphi(a)-a=M$ より $2p^{j-1}\overline{p}\,\varphi(\alpha)-p^j\alpha=M$ に注意する．

$$2\varphi(a')-a'=2p^j\,\overline{p}\,\varphi(\alpha)-p^{j+1}\alpha=pM=N. \qquad \textit{End}$$

$a'=p^{j+1}\alpha$ を第2種転写解という．これは簡単だが意外にも有用である．

表 6： $2\varphi(a)-a=3$ の第 2 種転写解

a	素因数分解
$3*3$	3^2
$3*15$	3^2*5
$3*255$	3^2*5*17
$3*65535$	$3^2*5*17*257$
$3*4294967295$	$3^2*5*17*257*65537$
$3*83623935$	$3^2*5*17*353*929$
$3*6992962672132095$	$3^2*5*17*353*929*83623937$

第2種転写解はわかりやすい解なのでこれ以外の $2\varphi(a)-a=3$ の解のみを考察する．

$2\varphi(a)-a=3$ の解 $a=5$ は素数であり，ほかの解と特に関係を持たないと思われる．そこでこれを単独解として無視する．

残りの解は $3*7$, $5*19$, $3*5*19*97$ であり，フェルマ素数の積の場合と少し似ている．

$2\varphi(a)-a=1$ の解をもとに $2\varphi(a)-a=3$ の解を無性生殖で構成することを実行する．

$2\varphi(a)-a=1$ の解から無性生殖で $2\varphi(a)-a=3$ の解を構成すればよいのだが，転写の方程式では $p=a+N+1=p+4$ になる．そこで $2\varphi(a)-a=1$ の解 a に 4 を加えたできた $p=a+4$ が素数なら，$a'=ap$ は $2\varphi(a')-a'=3$ を満たす．

表 7： $2\varphi(a)-a=3$ の解

$N=1$ の解 a	$p=a+4$	$N=3$ の解 $a'=ap$
3	7	$3*7$
$3*5$	19	$3*5*19$
$3*5*17$	259	$3*5*17*259$
$3*5*17*257$	65539	$3*5*17*257*65539$

これからは特に新しい解がでて来ない．そこで有性生殖解を作る．

3.2 数値例

$2\varphi(a)-a=1$ の解から有性生殖で $2\varphi(a)-a=3$ の解を作ってみた.

表 8：$2\varphi(a)-a=1$ の解から $2\varphi(a)-a=3$ の解の構成

a	$\tilde{a}$	$D=a^2+a+3$	p,q	$a'=apq$
3	4	$15=1*15$	$p=5$, $q=19$	$3*5*19$
$3*5$	16	$243=3*81$	$p=19$, $q=97$	$3*5*19*97$
$3*5*17$	256	$1*65283$	$p=257$, $q=65539$	$3*5*17*257*65539$
$3*5*17$	256	$65283=141*463$	$p=397$, $q=719$	$3*5*17*397*719$

次の結果は簡単に確認できる.

補題 4　$2\varphi(a)-a=N$ を満たし $a=a_1N$（a_1 は整数）と書けて $p=a_1+2$ が素数ならば $a'=ap$ は $2\varphi(a')-a'=N$ を満たす.

$N=3$, $a_1=5*17*257*65539$ であり

$a_1+2=5*17*257*65539+2=24262657=5*17*397*719+2$

は素数.

よって解 $3*5*17*397*719*24262657$ ができた.

実際 $3*5*17*397*719*24262657$ が $2\varphi(a)-a=3$ の解であることをコンピュータで確認した.

```
(a:3*5*17*397*719*24262657, eul:2*totient(a)-a);eul=3
```

しかし $5*17*257*65539+2=19*137*587*937$ は素数にならない.

3.3 $2\varphi(a)-a=9$

表 9: $2\varphi(a)-a=9$, コンピュータによる全数調査

a	素因数分解	
11	11	new
27	3^3	*
39	$3*13$	new
63	3^2*7	**
135	3^3*5	*
231	$3*7*11$	new
855	3^2*5*19	**
2295	3^3*5*17	*
82935	$3^2*5*19*97$	**

これらについて，無性生殖，優性生殖，第 2 転写などを調べることは読者にとって格好の練習問題になるだろう．

こうなったら後には引けない．$2\varphi(a)-a=27$ の解を調べよう．

$2\varphi(a)-a=1$ の解から有性生殖で $2\varphi(a)-a=27$ の解を作るのも面白い．

表 10: $2\varphi(a)-a=27$, コンピュータによる全数調査

a	素因数分解	
29	29	new
81	3^4	*
93	$3*31$	new
117	3^2*13	*
189	3^3*7	**
357	$3*7*17$	new
405	3^4*5	*
645	$3*5*43$	new
693	3^2*7*11	***
2565	3^3*5*19	**
6885	3^4*5*17	*
72165	$3*5*17*283$	new

29は単独解のようだが，解の構造は $2\varphi(a)-a=9$ の場合と類似していることがわかる．

以上のように $2\varphi(a)-a=3^e$ の解として出てきた a をフェルマ素数のファミリとしてひとくくりにして扱っても良いだろう．

2．系図の作成

1．はじめに

目的は N が正の奇数の場合に $2\varphi(a)-a=N$ の解 a の全体的な構造を調べることである．

次に $2\varphi(a)-a=1$ の知られている解の表(表1)を載せる．

ここにおいて最初の解3に解のコードA1をつけて，次の解 $15=3*5$ に解のコードA2をつけ，これを続ける．

しかしいささか異質な解 $a=83623935=3*5*17*353*929$ にはコードB1をつける．以下同様．

表1：$2\varphi(a)-a=1$ の知られている解

a	素因数分解	解のコード
3	3	A1
15	$3*5$	A2
255	$3*5*17$	A3
65535	$3*5*17*257$	A4
4294967295	$3*5*17*257*65537$	A5
83623935	$3*5*17*353*929$	B1
6992962672132095	$3*5*17*353*929*83623937$	B2

1.1 転写の一般方程式

正の奇数 M が与えられたとき $2\varphi(a)-a=M$ の解 a について $a'=ap$ とおく.（ここで, p は $a<p$ となる素数）

$2\varphi(a')-a'=N$ によって N を定めると

$$2\varphi(a')=2\varphi(a)(p-1)=(a+M)(p-1)=a'-a+pM-M.$$

一方 $2\varphi(a')=a'+N$ ゆえに $a=(p-1)M-N$. すなわち, $(a+N)/M+1$ が素数 p のとき $a'=ap$ を定義すると $2\varphi(a')-a'=N$ となる.

ここで見方を改めて $\mu=N/M$, $a_1=a/M$ とおきこれら μ と a_1 は整数とする.

さらに $p=(a+N)/M+1=(a_1M+M\mu)/M+1=a_1+\mu+1$ を素数とするならば

$a'=ap$ は $2\varphi(a')-a'=M\mu=N$ を満たす.

次の補題の形に整理しておく.

補題1 正の奇数 $M,N\,(M<N)$ が与えられたとき $2\varphi(a)-a=M$ を満たすとする.

$\mu=N/M$, $a_1=a/M$ とおきこれら μ と a_1 は整数とする.

$p=a_1+\mu+1$ が素数ならば $a'=ap$ は $2\varphi(a')-a'=M\mu=N$ を満たす.

このとき無性生殖により $2\varphi(a)-a=M$ の解 a から $2\varphi(a')-a'=N$ の解 $a'=ap$ ができた, または生まれたといい, 解のコードを用いた記号で $\mathrm{A1}\longrightarrow\mathrm{A2};(M,N)$ などと表す.

とくに, $N=M$ のとき $\mu=1$ であり, $p=a_1+2$ が素数ならば $a'=ap$ とおくとき $2\varphi(a')-a'=N$ を満たす.

1.2　2素数の添加

$2\varphi(a)-a=M$ の解 a に対して $a<p<q$ となる素数 p,q を用いて $a''=apq$ とおく．$2\varphi(a'')=a''+N$ により N を定めるとき $\varphi(a'')=\varphi(a)(p-1)(q-1)$.

よって $\Delta=p+q,\ B=pq$ とおくと

$$2\varphi(a'')=2\varphi(a)(B-\Delta+1)=(a+M)(B-\Delta+1).$$

$2\varphi(a'')=a''+N=aB+N$ ゆえ $(a+M)(B-\Delta+1)=aB+N$.

$$\begin{aligned}(a+M)(B-\Delta+1)-aB&=(a+M)(B-\Delta+1)-aB\\&=a(B-\Delta+1)-aB+M(B-\Delta+1)\\&=a(-\Delta+1)+MB-M\Delta+M.\end{aligned}$$

$(a+M)(B-\Delta+1)=aB+N$，ゆえに

$$a(-\Delta+1)+MB-M\Delta+M=N.$$

さて $N=M\mu,\ a=a_1M$ と整数 μ,a_1 を用いて書けるとする．上の式は

$$a_1(-\Delta+1)+B-\Delta+1=\mu$$

となり整理すると

$$B-(a_1+1)\Delta+a_1+1=\mu.$$

$\tilde{a}_1=a_1+1$ とおくと $B-\tilde{a}_1\Delta+\tilde{a}_1=\mu$ となるので $B-\tilde{a}_1\Delta=\mu-\tilde{a}_1$.

一方，$p_0=p-\tilde{a}_1,\ q_0=q-\tilde{a}_1$ とおくとき $p_0q_0=B-\tilde{a}_1\Delta+\tilde{a}_1^2$ を満たすので

$B-\tilde{a}_1\Delta=\mu-\tilde{a}_1$ を代入して

$$p_0q_0=\mu-\tilde{a}_1+\tilde{a}_1^2.$$

$D=\mu-\tilde{a}_1+\tilde{a}_1^2$ とおけば $p_0q_0=D$.

以上を踏まえ与えられた a,μ,M に対して $N=\mu M,\ a_1=a/M$ について $D=\mu-\tilde{a}_1+\tilde{a}_1^2$ とおき，$p_0q_0=D$ と分解する．

$p=p_0+\tilde{a}$ と $q=q_0+\tilde{a}$ がともに素数となるならば，$a''=qpq$ は $2\varphi(a'')-a''=N$ を満たす．

素数２つを用いて次なる解が誕生したので $a''=apq$ を a からできた有性生殖解という．以上をまとめて補題にする．

補題 2　整数 μ, a_1 を用いて $N=M\mu$, $a=a_1M$ と書けるとき
$\tilde{a}_1=a_1+1$,
$D=\mu-\tilde{a}_1+\tilde{a}_1^2$ とおく．　$p_0q_0=D$ と分解するとき，
$p=p_0+\tilde{a}$ と $q=q_0+\tilde{a}$ がともに素数ならば，　$a''=apq$ は
$2\varphi(a'')-a''=N$ を満たす．

これを解のコードの記号で $\mathrm{A2}\Longrightarrow\mathrm{A4}(M,N)$ などと表す．

1.3　系図の作成

$2\varphi(a)-a=1$ の知られている解（コード A3）から有性生殖でコードが A5 と B1 の解が誕生したので解のコードを用いて

$$\mathrm{A3}\Longrightarrow\mathrm{A5},\ B1\ (N=M=1)$$

と表す．$\varphi(a)-a=1$ の知られている解について次の流れができる．
（無性生殖の流れ）

$$\mathrm{A1}\longrightarrow\mathrm{A2}\longrightarrow\mathrm{A3}\longrightarrow\mathrm{A4}\longrightarrow\mathrm{A5},\quad \mathrm{B1}\longrightarrow\mathrm{B2}$$

（有性生殖の流れ）$\mathrm{A3}\Longrightarrow\mathrm{A5},\ \mathrm{B1}$

これらで作られる解のコードと矢印の総体を解の系図（family history）という．

$2\varphi(a)-a=1$ の知られている解についての系図は上の図式で完了しているような気がする．しかし解 a の決定もままならない状態なので証明できない．

2. $2\varphi(a)-a=3$ の解の系図

無性生殖と有性生殖を使うと $2\varphi(a)-a=3$ の解が多く見つかるのでその系図を作ろう.

表2: $2\varphi(a)-a=3$, 多く集めたもの

a	素因数分解	解のコード
5	5	C1
9	3^2	3A1
21	$3*7$	C2
45	3^2*5	3A2
285	$3*5*19$	C3
765	3^2*5*17	3A3
27645	$3*5*19*97$	C4
196605	$3^2*5*17*257$	3A4
4295098365	$3*5*17*257*65539$	C5
72787965	$3*5*17*397*719$	D1
$3*83623935$	$3^2*5*17*353*929$	3B1
$3*6992962672132095$	$3^2*5*17*353*929*83623937$	3B2
$72787965*24262657$	$3*5*17*397*719*24262657$	D2

ここで 3^2 で割れる解は第2転写でできるのでこれらを除いた表を次に作る. 第2転写解以外の解を固有解という.

表3: $2\varphi(a)-a=3$, 固有解

a	素因数分解	解の名前
5	5	C1
21	$3*7$	C2
285	$3*5*19$	C3
27645	$3*5*19*97$	C4
4295098365	$3*5*17*257*65539$	C5
72787965	$3*5*17*397*719$	D1
$72787965*24262657$	$3*5*17*397*719*24262657$	D2

2.1 無性生殖

1) $3*7$ (C2) から，$N=M=3$, $\mu=1$, $a=3*7$, $a_1=7$ により，

$p=7+2=9$ を得る．これは素数ではない．

2) $3*5*19$ (C3) から，

$N=M=3$, $\mu=1$, $a=3*5*19$, $a_1=5*19$ により，

$p=95+2=97$ を得る．これは素数なので $a''=3*5*19*97$.

この解のコードは C4．よって，C3 $\longrightarrow$ C4

3) $3*5*19*97$ (C4) から，

$N=M=3$, $\mu=1$, $a=3*5*19*97$, $a_1=5*19*97$

により，$p=5*19*97+2=13*709$．これは素数ではない．

2.2 有性生殖

$M=1$, $N=3$, $\mu=3$, $a=3*5*17(A3)$ から有性生殖を行った結果次のようになった．

$a=3*5*17=255$, $\tilde{a}=256$, $D=65283=3*47*463=p_0q_0$.

1) これより $p_0=1$, $q_0=65283$ のとき

$p=257$, $q=65283+256=65539$．ともに素数．コードは C5.

2) これより $p_0=141=3*47$, $q_0=463$ のとき

$p=397$, $q=463+256=929$．ともに素数．

解 $3*5*17*397*719$．コードは D1.

ここで A3 $\Longrightarrow$ C5, $D1(M=1, N=3)$ が有性生殖による系図である．

$p=24262657=5*17*397*719+2$ は素数なので，無性生殖による解

$a = 3*5*17*397*719*24262657$ が得られた．この解のコードはD2.

かくて次のように $2\varphi(a) - a = 3$ の固有解の系図が得られる．

C1，C2 孤立解，

C3 $\longrightarrow$ C4.

A3 $\Longrightarrow$ C5，D1 $(M = 1,\ N = 3)$

D1 $\longrightarrow$ D2.

$2\varphi(a) - a = 3$ の固有解についての系図が上の表で尽きているかどうかはわからない．何となくこれだけだろうとの予感がある．

3．$2\varphi(a) - a = 5$ の解の系図

表 4：$2\varphi(a) - a = 5$ の解

a	素因数分解	解のコード
7	7	
75	$3*5^2$	5A2
1275	$3*5^2*17$	5A3
327675	$3*5^2*17*257$	5A4

ここにおいて5A2，5A3，5A4は $2\varphi(a) - a = 1$ の解からの第2転写解

無性生殖の系図は

5A2 $\longrightarrow$ 5A4 $\longrightarrow$ 5A4

次に有性生殖でできた解を考える．

$2\varphi(a) - a = 1$ の解から $M = N = 5$, $\mu = 1$ として有性生殖でできた解を探す.

$3*5*5$（コードは5A2）から $M = N = 5$, $\mu = 1$ として有性生殖でできた解は $327675 = 3*5^2*17*257$（5A4）．これは既出.

A3 $\Longrightarrow$ 5A5, 5B1 ($M=1$, $N=5$).

これの無性生殖を行う，$a_1=a/5=3*5*17*353*929$ に対し，$p=a_1+2=83623937$ は素数.

$a''=5a_1*83623937=3*5^2*17*353*929*83623937$ は無性生殖解でコードは 5B2.

ゆえに，5B1 $\longrightarrow$ 5B2.

表 5： $2\varphi(a)-a=5$ の 100 万以下の解

a	素因数分解	解のコード
7	7	
75	$3*5^2$	5A2
1275	$3*5^2*17$	5A3
327675	$3*5^2*17*257$	5A4
21474836475	$3*5^2*17*257*65537$	5A5
418119675	$3*5^2*17*353*929$	5B1
34964813360660475	$3*5^2*17*353*929*83623937$	5B2

よって，系図は

5A2 $\longrightarrow$ 5A3 $\longrightarrow$ 5A4,

A3 $\Longrightarrow$ 5A5, 5B1 ($M=1$, $N=5$)

5B1 $\longrightarrow$ 5B2

これらが $2\varphi(a)-a=5$ の解の系図の全部になるかもしれない. しかしこれらはすべて $2\varphi(a)-a=5$ の解から第 2 転写で得られた解である.

したがって，$2\varphi(a)-a=5$ の解の系図は $2\varphi(a)-a=1$ の解の系図を単に 5 倍してそのままコピーしたもの(第二転写のこと)になっている.

私は，系図のコピーが素数の世界にもあるのがいかにも不思議なことと思えた.

4. $2\varphi(a)-a=N$ の解

第2種転写の方程式について次の補題が成立する.

補題 3　素数 p に対して $a=p^j\alpha$ ($j>0$, p, α : 互いに素) とする.

a は $2\varphi(a)-a=M$ の解として, $N=pM$ とおくと $a'=p^{j+1}\alpha$ は $2\varphi(a')-a'=pM=N$ を満たす.

$a'=p^{j+1}\alpha$ を第2種転写解というが意外にも有用である.

次の表には多くの第2種転写解がある. 読者におかれては自分で確かめることを推奨する.

表 6： $2\varphi(a)-a=N$ の解の一部

a	素因数分解
$N=1$	
15	$3*5$
255	$3*5*17$
65535	$3*5*17*257$
$N=3$	
5	5
9	3^2
21	$3*7$
45	3^2*5
285	$3*5*19$
765	3^2*5*17
27645	$3*5*19*97$
196605	$3^2*5*17*257$
$N=5$	
7	7
75	$3*5^2$
1275	$3*5^2*17$
327675	$3*5^2*17*257$
$N=7$	
33	$3*11$
345	$3*5*23$
67065	$3*5*17*263$
$N=9$	
11	11
27	3^3
39	$3*13$
63	3^2*7
135	3^3*5
231	$3*7*11$
855	3^2*5*19
2295	3^3*5*17
82935	$3^2*5*19*97$
589815	$3^3*5*17*257$
$N=11$	
13	13
$N=13$	
35	$5*7$
51	$3*17$
435	$3*5*29$
68595	$3*5*17*269$
$N=15$	
17	17
25	5^2
57	$3*19$
225	3^2*5^2
273	$3*7*13$
465	$3*5*31$
1425	$3*5^2*19$
3825	3^2*5^2*17
28785	$3*5*19*101$
69105	$3*5*17*271$
138225	$3*5^2*19*97$
983025	$3^2*5^2*17*257$
$N=17$	
19	19
4335	$3*5*17^2$
$N=19$	
69	$3*23$
18285	$3*5*23*53$
$N=21$	
23	23
99	3^2*11
147	$3*7^2$
555	$3*5*37$
1035	3^2*5*23
6699	$3*7*11*29$
29355	$3*5*19*103$
70635	$3*5*17*277$
201195	$3^2*5*17*263$
$N=25$	
55	$5*11$
87	$3*29$
375	$3*5^3$
615	$3*5*41$
6375	$3*5^3*17$
71655	$3*5*17*281$

3．斜陽の系図

1．はじめに

本章の目的は N が正の奇数の場合に $2\varphi(a)-a=N$ の解の構造を系図を作って説明することにある．

フェルマ素数のファミリというシリーズの題名は研究がまだ進まないうちに決めたものであるが研究の進展に伴って予想外の結果が出て，ついに系図という概念にたどり着いた．

$2\varphi(a)-a=1$ の知られている解の表を載せる．

ここにおいて最初の解 3 に解のコード A1 をつけて，次の解 3∗5 に解のコード A2 をつけこれを続ける．

しかしいささか異質な $a=83623935=3*5*17*353*929$ にはコード B1 をつける．以下同様．

$2\varphi(a)-a=1$ の知られている解の調査ではフェルマ素数でない素数は B1，B2 に現れる 3 つの素数 353，929，83623937 のみである．

表 1：$2\varphi(a)-a=1$ の知られている解

a	素因数分解	解のコード
3	3	A1
15	3∗5	A2
255	3∗5∗17	A3
65535	3∗5∗17∗257	A4
4294967295	3∗5∗17∗257∗65537	A5
83623935	3∗5∗17∗353∗929	B1
6992962672132095	3∗5∗17∗353∗929∗83623937	B2

最初に復習をかねて 3 つの基本概念を説明する．

1.1 第二種転写

補題 1 a は $2\varphi(a)-a=M$ を満たし，素数 p は a の約数とする．
$a'=ap$ は $2\varphi(a')-a'=pM$ を満たす．

このような $a'=ap$ を第二種転写解という．第二種転写解以外の解を固有解という．

1.2 無性生殖

補題 2 $2\varphi(a)-a=M$ を満たすとき $a_1=a/M$ と $\mu=N/M$ とがともに整数とする．

$p=a_1+\mu+1$ が素数ならば $a'=ap$ は $2\varphi(a')-a'=N$ を満たす．

このとき無性生殖により $2\varphi(a)-a=M$ の解 a から $2\varphi(a')-a'=N$ の解 a' ができた，（または生まれた）といい記号で $a \longrightarrow a'$ (M, N) と表す．

1.3 有性生殖

$2\varphi(a)-a=M$ の解 a に対して $a<p<q$ となる素数 p, q を用いて $a''=apq$ とおく．

定数 N を $2\varphi(a'')=a''+N$ と定めると

$\varphi(a'')=\varphi(a)(p-1)(q-1)$ によって $\Delta=p+q$，$B=pq$ とおくとき

$a''=aB$，$2\varphi(a'')=aB+N$ なので

$$2\varphi(a'')=2\varphi(a)(B-\Delta+1)=(a+M)(B-\Delta+1)=a''+N=aB+N.$$

それゆえ $(a+M)(B-\Delta+1)=aB+N$．そこで

$$\begin{aligned}(a+M)(B-\Delta+1)-aB &= (a+M)(B-\Delta+1)-aB\\ &= a(B-\Delta+1)-aB+M(B-\Delta+1)\\ &= a(-\Delta+1)+MB-M\Delta+M.\end{aligned}$$

$(a+M)(B-\Delta+1)=aB+N$ なので

$$a(-\Delta+1)+MB-M\Delta+M=N.$$

さて $N=M\mu$，$a=a_1M$ と整数 μ, a_1 を用いて書けるとする．上式で M を払うと，

$$a_1(-\Delta+1)+B-\Delta+1=\mu$$

となり整理すると

$$B-(a_1+1)\Delta+a_1+1=\mu.$$

$\tilde{a}_1=a_1+1$ を用いれば $B-\tilde{a}_1\Delta+\tilde{a}_1=\mu$ により $B-\tilde{a}_1\Delta=\mu-\tilde{a}_1$ となる．

一方，$p_0=p-\tilde{a}_1$，$q_0=q-\tilde{a}_1$，$B_0=p_0q_0$ とおくとき $B_0=p_0q_0=B-\tilde{a}_1\Delta+\tilde{a}_1^2$ を満たすので

$$B_0=\mu-\tilde{a}_1+\tilde{a}_1^2.$$

$D=\mu-\tilde{a}_1+\tilde{a}_1^2$ とおけば $p_0q_0=D$.

一般に与えられた $a_1, \mu, N=M\mu$，$a=a_1M$ に対して $D=\mu-\tilde{a}_1+\tilde{a}_1^2$ とおき，$p_0q_0=D$ と分解するとき $p=p_0+\tilde{a}$ と $q=q_0+\tilde{a}$ がともに素数となるとすれば，$a''=apq$ は $2\varphi(a'')-a''=N$ を満たす．

かくして素数2つから N についての解 a'' が誕生したので $a''=apq$ を有性生殖解という．

次の形にまとめておく．

補題 3　整数 μ, a_1 を用いて $N=M\mu$, $a=a_1M$ と書けるとき $\tilde{a}_1=a_1+1$, $D=\mu-\tilde{a}_1+\tilde{a}_1{}^2$ とおく.

$p_0q_0=D$ と D を分解し $p=p_0+\tilde{a}$ と $q=q_0+\tilde{a}$ がともに素数ならば, $a''=apq$ は $2\varphi(a'')-a''=N$ を満たす.

有性生殖により新しい解を探すことができる.

2. $2\varphi(a)-a=1$ の解の系図

$2\varphi(a)-a=1$ の知られている解についての表に戻ると

$$\mathrm{A1} \longrightarrow \mathrm{A2} \longrightarrow \mathrm{A3} \longrightarrow \mathrm{A4} \longrightarrow \mathrm{A5},\quad \mathrm{B1} \longrightarrow \mathrm{B2}$$

および

$$\mathrm{A3} \Longrightarrow \mathrm{A5},\ \mathrm{B1}.\ \text{(有性生殖)}$$

$$\mathrm{B1} \longrightarrow \mathrm{B2}$$

これらを $2\varphi(a)-a=1$ の解の系図(family tree)という.

2.1 斜陽の系図

A3 で有性生殖に成功し A5 と B1 ができた. A5 では無性生殖ができない. B1 では 1 回だけ無性生殖ができる.

このように滅び行く系図がイメージできるのでこれを斜陽の系図と呼ぶ. このようなことが起きるのは次のような素因数分解の事情があるからである.

A3 での有性生殖において, D が素因数分解 $65281=97*673$ を持ち, $\tilde{a}_1=256$ になる. D の 2 因子分解 $D=p_0q_0$ が 2 通りある.

1) $p_0=1$, $q_0=65281$.　$p=257$, $q=65537$ はともに素数.

$a'' = 4294967295 = 255$

$* 257 * 65537$ が解．$255 * 257 * 65537 + 2$ は素数ではない．

2）$p_0 = 97$, $q_0 = 673$.　$p = 353$, $q = 929$ はともに素数．　$a'' =$

$83623935 = 255 * 353$

$* 929$ が解．

$p_1 = 255 * 257 * 353 * 929 + 2$ は素数．したがって，$a'' p_1$ が無性生殖の解．

これほど絶妙な素因子分解があるのは単なる偶然ではすまされない．何らかの数学的理由があるに違いない．

$$\mathrm{A1} \longrightarrow \mathrm{A2} \longrightarrow \mathrm{A3} \longrightarrow \mathrm{A4} \longrightarrow \mathrm{A5}$$

が成り立つことも著しいことである．

$a_1 = 3 = 2+1 = 2^2 - 1$ とおくと，

$p = a_1 + 2 = 5 = 2^2 + 1$,　$a_2 = a_1 p = (2^2 - 1)(2^2 + 1) = 2^4 - 1$.

$p = a_2 + 2 = 17 = 2^4 + 1 = 17$,　$a_3 = a_2 p = (2^4 - 1)(2^4 + 1) = 2^8 - 1$.

$p = a_3 + 2 = 2^8 + 1$,　$a_4 = a_3 p = 2^{16} - 1 = 65535$.

$p = a_4 + 2 = 65537$ は素数．$a_5 = a_4 p = 2^{32} - 1$.

しかし，$a_5 + 2 = 2^{32} + 1$ は $641 * 6700417$ と分解され素数ではない．（オイラーによる）

3．$2\varphi(a)-a=3$ の解の系図

$2\varphi(a)-a=3$ の解の系図については固有解に限って考える.

表 2： $2\varphi(a)-a=3$，固有解のみ

a	素因数分解	解の名前
5	5	C1
21	$3*7$	C2
285	$3*5*19$	C3
27645	$3*5*19*97$	C4
4295098365	$3*5*17*257*65539$	C5
72787965	$3*5*17*397*719$	D1
$72787965*24262657$	$3*5*17*397*719*24262657$	D2

次のように $2\varphi(a)-a=3$ の固有解の系図を得る.

C1，C2 孤立解,

C3 $\longrightarrow$ C4.（$M=N=3$）

A3 $\Longrightarrow$ C5，D1,（$M=1$, $N=3$）

D1 $\longrightarrow$ D2.（$M=N=3$）

A3 $\Longrightarrow$ C5，D1 において，$M=1$ から $N=3$ に解が飛んでいる．これをワタリともいう.

A3 $\Longrightarrow$ C5，D1,（$M=1$, $N=3$），D1 $\longrightarrow$ D2 が斜陽の系図になっている.

$M=1$, $\mu=3$, $a=3*5*17$ での有性生殖において，$D=65283$ が素因数分解 $3*47*463$ を持ち，$\tilde{a}_1=256$．D の 2 因子分解 $D=p_0q_0$ が 2 通りある.

1） $p_0=1$, $q_0=65283$．$\tilde{a}_1=256$ により $p=257$, $q=65539$．よって $a=4295098365=255*257*65539$ が解.

2） $p_0=3$, $q_0=47*65283$．$q=q_0+256=19*161503$ は素数で

はない.（$p=3+256=259$ ：素数）

3）$p_0=47$, $q_0=3*65283$. $p=p_0+256=3*101$ は素数ではない.

4）$p_0=3*47$, $q_0=463$. $p=397$, $q=719$ はともに素数で $a=255*397*719=72787965$ は解.

$p=255*397*719/3+2=24262657$ は素数なので $3*5*17*397*719*24262657$ はD1から無性生殖された解D2.

こうして，D1 ⟶ D2（$M=N=3$）となり，

A3 ⟹ C5, D1,（$M=1$, $N=3$），D1 ⟶ D2（$M=N=3$）

は斜陽の系図となった.

これも偶然とは思えない．他に斜陽の系図があるだろうか.

4．$2\varphi(a)-a=5$ の解の系図

表3：$2\varphi(a)-a=5$ の解

a	素因数分解	解のコード
7	7	
75	$3*5^2$	5A2
1275	$3*5^2*17$	5A3
327675	$3*5^2*17*257$	5A4
21474836475	$3*5^2*17*257*65537$	5A5
418119675	$3*5^2*17*353*929$	5B1
349648133606660475	$3*5^2*17*353*929*83623937$	5B2

5A2 ⟶ 5A4 ⟶ 5A4, 5B1 ⟶ 5B2

A3 ⟶ 5A5, 5B1.（$M=1$, $N=3$）

よって，5A2が元になって，無性生殖，有性生殖でこれら

はえられた.

以上が $2\varphi(a)-a=5$ の解の系図でありこれらが全系図になるかもしれない.

しかしこれらは7の他はすべて第2転写の解であり, $2\varphi(a)-a=1$ の解から転写されたものである. 意外性がないのが意外である.

5. $2\varphi(a)-a=7$ の解の系図

表4: $2\varphi(a)-a=7$ の解

a	素因数分解	解のコード
33	3 *11	K1
345	3 *5 *23	K2
67065	3 *5 *17 *263	K3
4295360505	3 *5 *17 *257 *65543	K4

これらの解の形から内生解（$N=7$ の場合の解から得られた生殖解, それは7の倍数)ではあり得ない.

$N=1$ の場合の解から得られた転写解はある.

$M=1$, $N=7$ のとき, $\mu=7$. 以下では無性生殖を考える.

$a=3$ に対して $p=a+\mu+1=a+8=11$ は素数なので $a'=ap=3*11$ が $2\varphi(a')-a'=7$ を満たす.

$a=15$ に対して $p=a+\mu+1=a+8=23$ は素数なので $a'=ap=3*5*23=345$ が $2\varphi(a')-a'=7$ を満たす.

$a=3*5*17=255$ に対して $p=a+\mu+1=a+8=263$ は素数なので $a'=ap=3*5*17*263=67065$ が $2\varphi(a')-a'=7$ を満たす.

$2\varphi(a)-a=7$ の解の系図は次のようになると思われる.

A1 ⟶ K1；A2 ⟶ K2；A3 ⟶ K3

A2 ⟶ K3，；A3 ⟶ K4

私はこの系図をみて驚愕した．本家（$N=1$ の場合）からの略奪でできた系図に見えるからである．

6．$2\varphi(a)-a=9$ の解の系図

表5：$2\varphi(a)-a=9$ の固有解

a	素因数分解	解のコード
11	11	Q1
39	3*13	Q2
231	3*7*11	Q3

ここで素数解11が出た．これは次の補題から分かるので，自明な解というべきもので，まともに扱うには及ばない．

補題4　$\varphi(a)-a=N$ の解が素数 p なら $p=N+2$.

Proof.

$2\varphi(p)-p=p-2=N$ により $p=N+2$.

1）$M=1,\ N=9,\ a=3$ として無性生殖を行う．

$p=a+N+1=13$ なので，解 3*13．ゆえに A1 ⟶ Q2（ワタリ）

2）$M=1,\ N=9,\ a=15$ として無性生殖を行う．

$p=a+N+1=25$．素数ではない

3) $M=3,\ N=9,\ a=3*7,\ \mu=3$ として無性生殖を行う．

$p=a_1+\mu+1=7+4=11,\ a'=3*7*11$． C 1 ⟶ Q 3 （ワタリ）

4) $M=3,\ N=9,\ a=3*7,\ \mu=3$ として有性生殖を行っても解がない．

5) $M=1,\ N=9,\ a=3,\ \mu=9$ として有性生殖の解 $231=3*7*11$.

固有解の系図は

A1 ⟶ Q2($M=1,\ N=9$), C1 ⟶ Q3($M=3,\ N=9$), A1 ⟶ Q3. ($M=1,\ N=9$)

7．$2\varphi(a)-a=27$ の解の系図

表 6： $2\varphi(a)-a=27$ の固有解

a	素因数分解	解のコード
29	29	R1
93	3 *31	R2
357	3 *7 *17	R3
645	3 *5 *43	R4
72165	3 *5 *17 *283	R5
4296671205	3 *5 *17 *257 *65563	R6

1) $M=1,\ N=27,\ a=3$ として無性生殖を行う．

$p=a+N+1=31$ なので，解 $3*31$． ゆえに A1 ⟶ R2 （ワタリ）

2) $M=1,\ N=27,\ a=3*5$ として無性生殖を行う．

$p=a+N+1=43$ なので，解 $3*5*43$． ゆえに A2 ⟶ R4(ワタリ)

3）$M=3,\ N=27,\ a=3*7,\ \mu=9$ として無性生殖を行う．

$a_1=7,\ p=a_1+\mu+1=17$ なので，解 3 * 7 * 17．ゆえに

C2 ⟶ R3（ワタリ）

4）$M=1,\ N=27,\ a=3*5*17,\ \mu=27$ として無性生殖を行う．

$p=a+N+1=255+28=283$ は素数なので，解 3 * 5 * 283．

ゆえに A3 ⟶ R5（ワタリ）

固有解の系図

A1 ⟶ R2（$M=1,\ N=27$）；

A2 ⟶ R4（$M=1,\ N=27$）；

C2 ⟶ R3（$M=3,\ N=27$）；

A3 ⟶ R5（$M=1,\ N=27$）

A1 ⟹ R3，R4（$M=1,\ N=27$）；

A2 ⟹ R5（$M=1,\ N=27$）；

A3 ⟹ R6（$M=1,\ N=27$）

8．$2\varphi(a)-a=81$ の解の系図

表7：$2\varphi(a)-a=81$ の固有解

a	素因数分解	解のコード
83		S1
1455	3 *5 *97	S2
85935	3 *5 *17 *337	S3
2236335	3 *5 *29 *53 *97	S4
3733935	3 *5 *23 *79 *137	S5
4300210095	3 *5 *17 *257 *65617	S6
18446744417306935215	3 *5 *17 *257 *65537 *4294967377	S7

固有解の系図

S1, S4, S5 は孤立解

A2 $\longrightarrow$ S2 ($M=1$, $N=81$) ;

A3 $\longrightarrow$ S3 ($M=1$, $N=81$).

A1 $\Longrightarrow$ S2 ($M=1$, $N=81$) ;

A2 $\Longrightarrow$ S3 ($M=1$, $N=81$) ;

A3 $\Longrightarrow$ S6 ($M=1$, $N=81$),

A4 $\Longrightarrow$ S7 ($M=1$, $N=81$)

S7 という巨大な解が得られたことに私は感動した.

フェルマ素数列 3 * 5 * 17 * 257 * 65537 にさらに素数 4294967377 を掛けると $2\varphi(a)-a=81$ の解になっている.

解 3 * 5 * 17 * 257 * 65537 * 4294967377 には無性生殖の力が残っているのだろうか.

ついでに $a=$ 18446745113091637005 = 3 * 5 * 17 * 257 * 65537 * 4294967539 は

$2\varphi(a)-a=243$ の解になっていることも記しておく.

奇数だけ平行移動した完全数

ステゴサウルス

1. 闊歩するステゴザウルス

1. 完全数の水平展開

$q=2^{e+1}-1+m$ が素数のとき $a=2^e q$ を m だけ平行移動した狭義の完全数という．q が奇素数になる条件によって，m: 偶数になる．$a=2^e q$ は方程式 $\sigma(a)=2a-m$ を満たすことを示そう．

Proof.

$N=2^{e+1}-1$ とおくと $\sigma(2^e)=N,\ q=N+m.$

さて $Nq=2a-q$ に注意し $a=2^e q$ について計算する．

$$\begin{aligned}\sigma(a)&=\sigma(2^e)\sigma(q)\\&=Nq+N\\&=2a-q+N\\&=2a-m.\end{aligned}$$

一般に方程式 $\sigma(a)=2a-m$ の解を m だけ平行移動した広義の完全数という．

狭義の完全数のとき m は偶数になる．しかし奇数 m の場合を含めて広義の完全数を研究する．

m が偶数のときに，広義の完全数は馴染み深いものもある．しかし奇数の場合の広義の完全数はほとんどだれにも知られていない．パソコンで計算してみると解の数は少なくても特色ある完全数が出てきた．場合によっては珍獣のような数がみつかることもある．

1.1　$m=1$ の場合

最初に簡単な場合を考える.

$m=1$ の場合，$a \leqq 1000000$ についてパソコンで調べた結果 $a=2^e$ ばかりである.

$m=1$ のとき方程式は $\sigma(a)=2a-1$ になる．この解は $a=2^e$ に限りそうである.

$\sigma(a)=2a-1$ の解を概完全数という．概完全数は 2^e と書けるか？

この問題は奇数完全数の存在問題に匹敵する難問らしい.

2．m: 奇数のとき

$m=3$ のとき広義の完全数はみつからなかった．そこで $m>0$: の奇数ときの広義の完全数を $a<1000000$ の範囲で調べてみた. 結果は次の表にある通り.

表 1： $m>0$:の奇数ときの広義の完全数，$a<1000000$ の範囲

m	a	素因数分解
5	9	3^2
7	50	$2*5^2$
11	244036	$2^2*13^2*19^2$
19	25	5^2
	2312	2^3*17^2
25	98	$2*7^2$
37	484	2^2*11^2
41	49	7^2
	81	3^4
47	225	3^2*5^2
61	2888	2^3*19^2
71	676	2^2*13^2
85	242	$2*11^2$

この表から推測できること：

注意 1　m が奇数のとき解は，あったとしてもごく少ない.

せめて解が有限個であることをいつの日にか証明したいものだ.

$m=9,13,15,17$ などでは $a<1000000$ の範囲では解が見つからない.

m が奇数の場合の完全数 a は初めてみる月の裏側のようなもので意外にさびしい世界だった.

解の 2 以外の素因子の指数は 2，あるいは偶数になる.

$m=11$ のとき $a=244036=2^2*13^2*19^2$ に出会った．これは面白いと思った.
3 個の素因数の積の平方になっている.

指数 2 の並ぶのをみて恐竜ステゴザウルスの背中についた巨大な板を連想した．そして，闊歩するステゴザウルスが目に浮かんだ.

2.1　$a=(2rq)^2$ の場合

$a=(2rq)^2$, $(2<r<q$ ：素数$)$ のとき $m=2a-\sigma(a)$ を求めた.

$5\leqq r<q\leqq 29$ の場合について，$m=2a-\sigma(a)$ を計算した.

$r=13$, $q=19$ の場合は $m=11$ で値が小さくて見やすい.

この他の水平移動のパラメータ m は 4 桁以上になっている.

$[r,q]$	a	factor of a	m
[3,5]	900	$[2^2,3^2,5^2]$	−1021
[3,7]	1764	$[2^2,3^2,7^2]$	−1659
[3,11]	4356	$[2^2,3^2,11^2]$	−3391
[3,13]	6084	$[2^2,3^2,13^2]$	−4485
[3,17]	10404	$[2^2,3^2,17^2]$	−7129
[3,19]	12996	$[2^2,3^2,19^2]$	−8679
[3,23]	19044	$[2^2,3^2,23^2]$	−12235
[5,7]	4900	$[2^2,5^2,7^2]$	−2569
[5,11]	12100	$[2^2,5^2,11^2]$	−4661
[5,13]	16900	$[2^2,5^2,13^2]$	−5911
[5,17]	28900	$[2^2,5^2,17^2]$	−8819
[5,19]	36100	$[2^2,5^2,19^2]$	−10477
[5,23]	52900	$[2^2,5^2,23^2]$	−14201
[7,11]	23716	$[2^2,7^2,11^2]$	−5635
[7,13]	33124	$[2^2,7^2,13^2]$	−6769
[7,17]	56644	$[2^2,7^2,17^2]$	−9205
[7,19]	70756	$[2^2,7^2,19^2]$	−10507
[7,23]	103684	$[2^2,7^2,23^2]$	−13279
[11,13]	81796	$[2^2,11^2,13^2]$	−6781
[11,17]	139876	$[2^2,11^2,17^2]$	−6065
[11,19]	174724	$[2^2,11^2,19^2]$	−5263
[11,23]	256036	$[2^2,11^2,23^2]$	−2771
[13,17]	195364	$[2^2,13^2,17^2]$	−2539
[13,19]	244036	$[2^2,13^2,19^2]$	11
[13,23]	357604	$[2^2,13^2,23^2]$	6815
[17,19]	417316	$[2^2,17^2,19^2]$	15863
[17,23]	611524	$[2^2,17^2,23^2]$	34651
[19,23]	763876	$[2^2,19^2,23^2]$	52901

3. 広義完全数の解の種類

m が偶数の場合の完全数について分かってきたことを復習しておく.

m が偶数の場合は $\sigma(a)=2a-m$ の解である広義の完全数はいろいろあり，解に名前がついている.

1. 解の形が $a=2^e q$,（q: 素数）となるとき正規解という．一般に A 型の解ともいう．

2. 解の形が $a=2^e rq$,（$r<q$: 素数）となるとき第二正規解という．一般に D 型の解ともいう．

3. 解の形が素数のべき $a=q^e$,（e: 任意）の場合は C 型の解という．$m=1, a=2^e$: がその例であり，素数べきの一般解ともいう．

4. m_0 : 完全数のとき，$a=m_0 q$（q: も素数）は $m=-2m_0$ だけ平行移動した広義の完全数になり，通常解という．これを一般に B 型の解という．

5. $a=p^e$（e は特定の数）のように素因子が 1 つの解を微小解という．

4. $m=-56$ の場合

$m=-56$ の場合は解が特に多い，このとき，$-m=56$ は第二完全数の 2 倍という栄えある特性を持つ．このことに注目しよう．

このときの方程式は $\sigma(a)=2a+56$ になる．

解 a は 3 種類からなる．

- $28p$（p は 2，7 以外の素数）は $\sigma(a)-2a=56$ の解でありこれを通常解という．
- $a=22=2^5*7$ は通常解ではなく擬素数解である．ここではふれないがこの他に擬素数解 2^2*7^3 がある．
- $2^e q$ ：正規形の解

- $2^e rq$ ：第 2 正規形の解

表 2： $m=-56$ の完全数

a	素因数分解
84	2^2*3*7
140	2^2*5*7
224	2^5*7
308	2^2*7*11
364	2^2*7*13
476	2^2*7*17
532	2^2*7*19
644	2^2*7*23
812	2^2*7*29
868	2^2*7*31

通常解と擬素数解を排除した解の表.

表 3： $m=-56, a$ は 28 で割れない解

a	素因素分解
4544	2^6*71
9272	$2^3*19*61$
14552	$2^3*17*107$
25472	2^7*199
74992	$2^4*43*109$
495104	2^9*967
6019264	$2^6*163*577$

これらの解は正規形 $2^e q$ および第二正規形 $2^e rq$ からなる.

$\sigma(a)=2a+56$ が正規形の解 $2^e q$ を持つなら， $q=2^{e+1}-1-56$ は素数という条件を満たす.

表 2,3 で通常型の解が非常に多いので，28 で割れない解に制限して正規形の解だけを求めた.

2. 奇数の場合の基本不等式

一般に方程式 $\sigma(a)=2a-m$ の解を m だけ平行移動した広義の完全数という.

1. m : 奇数の場合

m: 偶数のときは, 正規形, 第二正規形の解が基幹となっていた. しかし, m: 奇数のときは解が実に少ない上に根幹をなす解がない.

命題 1　m: 奇数のとき, 正規形, 第二正規形の解はない.

Proof.

1) $\sigma(a)=2a-m$ の解として正規形 $a=2^e q$ があるとする.

$\sigma(a)-2a=(2^{e+1}-1)(q+1)-2^{e+1}q=2^{e+1}-q-1$ になり

$2^{e+1}-q-1=-m$ により, $q=2^{e+1}-1+m$. q は素数なので奇数.

よって m は偶数.

2) 第二正規形の解 $a=2^e rq$ ($r<q$ は奇素数)があるとする.

$\sigma(a)-2a=(2^{e+1}-1)(q+1)(r+1)-2^{e+1}qr=-m$.

$B=qr,\ \Delta=q+r,\ N=2^{e+1}-1$ とおくと,

$$\begin{aligned}&(2^{e+1}-1)(q+1)(r+1)-2^{e+1}qr\\&=(2^{e+1}-1)(B+\Delta+1)-2^{e+1}B\\&=-m\end{aligned}$$

により

$$N(B+\Delta+1)-(N+1)B=-m.$$

よって,

$$-B+N(\Delta+1)=-m$$

$$m\equiv B+N(\Delta+1)\equiv 1+(\Delta+1)\equiv \Delta\equiv q+r\equiv 0 \mod 2.$$

よって m は偶数となり仮定に反する. *End*

m: が奇数の場合を扱うが簡単な場合

すなわち $m=5$ のときから扱う.

a) $m=5$ のとき

i) $s(a)=1$ を仮定する.

$\sigma(a)=2a-5$ なので, $a=p^e$ とおくと

$\sigma(a)=1+p+\cdots+p^e$, $2a-5=2p^e-5$ により

$p(1+p+\cdots+p^{e-2}-p^{e-1})=-6$ によれば p は3で割れるから $p=3$.

$$3^{e+1}-1=2(2*3^e-5)$$

によって,

$$3^{e+1}-1=4*3^e-10.$$

ゆえに, $9=3^e$. よって $e=2$, $a=3^2$.

ii) $s(a)=2$ を仮定し矛盾を導く.

$a=p^e q^f$, $p<q$: 素数, として $X=p^e$, $Y=q^f$ とおく.

さらに $\overline{p}=p-1$, $\overline{q}=q-1$, $\rho'=\overline{p}\,\overline{q}$ を使うと

$$\frac{(pX-1)(qY-1)}{\rho'}=2XY-5$$

$$(pX-1)(qY-1)-\rho'(2XY-5)=0$$

を得るがこの左辺の XY の係数を R とおくと,

$R=pq-2\rho'=-(p-2)(q-2)+2$.

3項で証明する定理1を使うことにより $p=2$, $R=2$.

よって $\rho'=\overline{q}$.

$$2XY-(2X+qY-1)=-5\overline{q}\,.$$

これを $Y(2X-q)-2X+1=5\overline{q}$ と変形し

$$Y=\frac{2X-1-5\overline{q}}{2X-q}=\frac{2X-q-4\overline{q}}{2X-q}.$$

さらに整理して

$$Y-1=\frac{-4\overline{q}}{2X-q}.$$

ここで場合を分ける．

ｉ）$f=1$.

$Y=q$ なので

$$Y-1=\overline{q}=\frac{-4\overline{q}}{2X-q}.$$

これより $4=q-2X$. したがって $q=4+2X$ なので $q=2$；矛盾．

ii）$f>1$.

$Y=q^f$ なので

$$Y-1=\overline{q}\,(q^{f-1}+\cdots+q+1)=\frac{-4\overline{q}}{2X-q}.$$

$4=(q-2X)(q^{f-1}+\cdots+q+1)$ から

$f=2,\ q=3$. $q=1+2X$ なので $X=1$；矛盾．

2. m ：奇数の場合の評価

$\sigma(a)-2a=-m$ の解の一般的な研究は困難をきわめるので $s(a)=2$ を満たす場合に限って研究する．

$a=p^eq^f$，($p<q$ ：素数) として $X=p^e$, $Y=q^f$ とおく．

さらに $\overline{p}=p-1$, $\overline{q}=q-1$, $\rho'=\overline{p}\,\overline{q}$ を使うと

$$\frac{(pX-1)(qY-1)}{\rho'}=2XY-m$$

$$(pX-1)(qY-1)-\rho'(2XY-m)=0$$

を得るがこの左辺の XY の係数を R とおくと,

$$\begin{aligned}&(pX-1)(qY-1)-\rho'(2XY-m)\\&=RXY-pX-qY+1+\rho'm\\&=0\end{aligned}$$

よって R の定義により

$$R=pq-2\rho'=-(p-2)(q-2)+2.$$

$q>p\geqq 3$ と仮定するとき $m>0$ を次に示す.

$q\geqq 5$ に注意して

$$R=-(p-2)(q-2)+2\leqq 4-q\leqq -1.$$

$$1+\rho'm=-RXY+pX+qY\geqq XY+pX+qY.$$

これより $m>0$.

したがって, $m\leqq 0$ なら $R>0$. さらに $p=R=2$.

以下では $m>0$ を仮定する.

すると

$$mpq>m\rho'\geqq XY+pX+qY-1.$$

相加•相乗平均により

$$pX+qY\geqq 2\sqrt{pqXY}.$$

一方, $e=1$ なら $\sigma(X)=\sigma(p)=1+p$: 偶数. このとき $\sigma(a)-2a=-m$ は偶数.

しかし m: 奇数を仮定しているので $e\geqq 2$ となる.

同様に $f\geqq 2$.

それゆえ $X\geqq p^2$, $Y\geqq q^2$ により

$$1+mpq>XY+pX+qY\geqq p^2q^2+2\sqrt{p^3q^3}=pq(pq+2\sqrt{pq}).$$

$$1>pq(pq+2\sqrt{pq}-m).$$

よって,

$$m\geqq pq+2\sqrt{pq}-1/(pq).$$

$q>p\geqq 3$ で $m_0=pq+2\sqrt{pq}-1/(pq)$ の値を評価して，次の表をえる．

表1： $m_0=pq+2\sqrt{pq}-1/pq$ の表

q	$p=3$	5	7	11	13
5	22.67930003	34.96	46.80358814	69.81421516	81.10913088
7	30.11753234	46.80358814	62.97959184	94.53694176	110.067795
11	44.45882226	69.81421516	94.53694176	142.9917355	166.9095285
13	51.46435497	81.10913088	110.067795	166.9095285	194.9940828

これによって，$m_0\geqq 22.67930003$.

等号成立のとき $p=3$, $q=5$. しかし次の表によれば $m=47$.

表2： $m=2a-\sigma(a)(a=p^2q^2)$ の表

q	$p=3$
5	47
7	141
11	449

$p=3$, $q=5$ を除くと $m_0\geqq 30.11753234$ になる．

等号成立のとき $p=3$, $q=7$. 次の表によれば $p\geqq 5$ なら $n\geqq 683$ になるので，$p=3$ で $m=141$.

表3： $m=2a-\sigma(a)(a=p^2q^2)$ の表

q	$p=5$
7	683
11	1927

よって $m\leqq 46$ のとき $p=2$, $R=2$.

次に m が最小になる場合は $p=3$, $q=5$ になり $m=47$.

さらに m が次の最小になる場合は $p=3$, $q=7$ になり $m=141$.

3. 評価定理

以上をまとめて定理とする.

定理 1　$\sigma(a)-2a=-m$ の解. ただし m: 奇数, $s(a)=a$

1. $m<1$ なら $p=2$, $R=2$.
2. m: 奇数なら $m<47$ のとき $p=2$, $R=2$.
3. $m=47$ なら $p=3$, $q=5$; $R=-1$.
4. m: 奇数なら $48<m<141$ のとき $p=2$, $R=2$.

3.1　$p=2$, $R=2$

$p=2$ とすると $\rho'=\overline{q}$, $R=2$ となり基本方程式は

$$-2XY+2X+qY-1=m\overline{q}.$$

これより

$$\begin{aligned}Y(q-2X)+2X-1&=Y(q-2X)+2X-q-1+q\\&=(q-2X)(Y-1)+\overline{q}\\&=m\overline{q}.\end{aligned}$$

$$Y-1=\frac{\overline{q}(m-1)}{q-2X}.$$

したがって $\overline{q}$ で割れば

$$q^{f-1}+\cdots+q+1=\frac{m-1}{q-2X}.$$

$q-2X$ は $m-1$ の約数になる.

4. m: 奇数で正の場合

4.1　$m=5$

このとき最初のページで示したように $a=p^e$ の形の解があり実は $a=3^2$.

4.2　$m=7$

このとき $a=p^e$ の形の解はない．

$s(a)=2$ とする．$m=7<21$ によって，

$$q^{f-1}+\cdots+q+1=\frac{6}{q-2X}.$$

$q-2X=1$ にならざるをえない．したがって

$q^{f-1}+\cdots+q+1=6$ によれば $q=5,\ f=2$.

$q-2X=5-2X=1$ より $X=2$．よって $a=2*5^2$.

4.3　$m=19$

このとき $a=p^e$ の形の解があり $a=5^2$.

$s(a)=2$ とする．

$m=19<21$ によって，

$$q^{f-1}+\cdots+q+1=\frac{18}{q-2X}.$$

$f=1$ ならば $q-2X=18$．q: 偶数となり矛盾.

$\dfrac{18}{q-2X}\geqq 1+q\geqq 4$ によって，

1) $q-2X=3$.

$q^{f-1}+\cdots+q+1=6$ によって，$f=2,\ q=5$.

$q-2X=3\,;X=1$ となり矛盾.

2) $q=2X=1$.

$q^{f-1}+\cdots+q+1=18$ によって，$f=2,\ q=17$.

$q-2X=1\,;X=8$.

$a=2^3*17^2$.

5. m: 奇数で負の場合

次の結果は m: 奇数で負の場合，$a \leqq 1000000$ の範囲で調べた結果である.

表 4：$[P=2,\ m<0]$ 奇数，完全数

m	a	素因数分解
-89	13456	$2^4 * 29^2$
-71	392	$2^3 * 7^2$
-65	200	$2^3 * 5^2$
-59	968	$2^3 * 11^2$
-51	72	$2^3 * 3^2$
-41	1352	$2^3 * 13^2$
-39	162	$2 * 3^4$
-31	15376	$2^4 * 31^2$
-19	36	$2^2 * 3^2$
-7	196	$2^2 * 7^2$
-3	18	$2 * 3^2$

解の形が特定できそうだ.

同じく m: 奇数でも正の場合に比べて制約が強いらしい.

命題 2　m: 奇数で $m<0$ の場合，$s(a)=1$ の解はない.
$s(a)=2$ の解は $a=2^e q^f$ となり f は偶数.

Proof.

$$\overline{q}\,\sigma(a)=(2^{e+1}-1)(q^{f+1}-1)=2^{e+1}q^f\,\overline{q}-m\overline{q}$$

により $N=2^{e+1}-1$ を用いて整理すると

$$N(q^{f+1}-1)-(N+1)q^f(q-1)=-\overline{q}\,m$$

を N についてまとめると

$$N(q^f-1)=\overline{q}(q^f-m)$$

$$N(q^{f-1}+\cdots+1)=q^f-m.$$

2 を法とすると

$$q^f\equiv 1,\ N\equiv 1,\ q^{f-1}+\cdots+1\equiv f \bmod 2.$$

$f\equiv -m+1\equiv 0 \bmod 2$ により f は偶数.

1. $m=-1$，すなわち $\sigma(a)-2a=1$ の場合．解は無いと予想されている．$\sigma(a)-2a=1$ を満たす a は未発見にもかかわらず疑似完全数(pseudo perfect number)と呼ばれている．

疑似完全数の発見は宇宙生物の発見より可能性が低いと思う．

2．$m=-3$ すなわち $\sigma(a)-2a=3$ の場合．$a=2*3^2$ は解．他の解は無いと予想されている．

これらを証明することはきわめて難しい．そこで $s(a)=1,2$ を満たす場合に絞って証明する．

$m<0$ のとき定理1より，$p=2,\ R=2$．これにより計算が容易にできる．

5.1　$m=-3$

$$q^{f-1}+\cdots+q+1=\frac{-3-1}{q-2X}=\frac{4}{2X-q}.$$

1) $2X-q=1$．$q+1=4,\ f=2$ により，$2X=q+1=4$．
$X=2,\ a=2*3^2$

2) $2X-q>1$ は起きない．

5.2　$m=-7$

$p=2,\ R=2.$

$$q^{f-1}+\cdots+q+1=\frac{-7-1}{q-2X}=\frac{8}{2X-q}.$$

1) $2X-q=1$．$q+1=8,\ q=7,\ f=2$ により，$2X=q+1=8$．
$X=4,\ a=2^2*7^2$．

2) $2X-q>1$ は起きない．

メルセンヌの完全数

マラン・メルセンヌ（Marin Mersenne, 1588-1648）

1．概完全数予想の深化

1．スーパー完全数

$a=2^e$ は $\sigma(a)=2a-1$ を満たす．そこで，一般に $\sigma(a)=2a-1$ を満たす a を概完全数(almost perfect number)とよぶ．

この逆が言えるか，すなわち概完全数が 2^e に限るか？　これはよく知られた難問である．

$p=2^{e+1}-1$ を素数とするとき，$a=2^e p$ はユークリッドの完全数である．ユークリッドの完全数の2べき部分 $a=2^e$ とするとき，これは $\sigma^2(a)=2a$ を満たす．

そこで一般に $\sigma^2(a)=2a$ を満たす a をスーパー完全数という．

スーパー完全数 a が偶数なら a は2べき，すなわち $a=2^e$，さらに $p=2^{e+1}-1$ は素数となることを D.Suryanaryana は1969年に証明しスーパー完全数の展開へ口火を切った．

与えられた整数 m について $\sigma(a)=2a-m$ を満たす a を m だけ平行移動した完全数という．

完全数の平行移動を考えることは意味のある発展をもたらした．

たとえば $\sigma(a)=2a-m$ を満たす解は $a=2^e q$, q:(素数)，と書けるとき A 型解という．このとき，$q=2^{e+1}-1+m$ は素数になる．

このときの $a=2^e q$ は m だけ平行移動した完全数となる．

スーパー完全数においてもその平行移動を考えることはスーパー双子素数を量産することなど重要な副産物をもたらした．

与えられた整数 m について $p=\sigma(2^e)+m=2^{e+1}-1+m$ を奇

素数とする．したがって，m は偶数になる．

$a=2^e$ の満たす方程式を考える．

$p=\sigma(a)+m=2^{e+1}-1+m$ は素数であると仮定したので

$A=\sigma(a)+m$ とおくとき $A=p$ であり，$\sigma(A)=p+1=2^{e+1}+m=2a+m$.

$a=2^e$ であったことを忘却の彼方におき次の式を a と A とを未知自然数とする連立方程式とみなし，その解 a を平行移動 m のスーパー完全数という．

$$A=\sigma(a)+m,\ \sigma(A)=2a+m.$$

$m=0$ だとこれをまとめて $\sigma^2(a)=2a$ となる．a が偶数ならこの解は 2^e となりスーパー完全数と呼ばれ，$2^e p$ は元祖完全数となる．

スーパー完全数は元祖完全数の平方根にごく近いので，パソコンで定義式に沿って計算しスーパー完全数$a=2^e$ を求めることは容易．$p=2a-1$ は計算がすぐできて積 $2^e p$ は元祖完全数．

このような関係があり，スーパー完全数は平行移動も含めて考えるとき，m だけ平行移動した完全数がA型の場合の2べき部分を拡大研究したものと言えるであろう．

2．スーパーメルセンヌ完全数

ユークリッドの完全数の2べき部分は大切であることが分かったが，残りの素数部分 $p=2^{e+1}-1$ はメルセンヌ素数と呼ばれている．これは巨大な素数の構成に重要な役を演じ続けている．

私は，ユークリッドの完全数の素数部分であるメルセンヌ素数 $p=2^{e+1}-1$ を取り出して理論が作れないか考えたことが何回かある．その度に，こんなことを考える自分はどうかしていると自虐的になった.

しかし今回改めて考え直してみたら案外うまく行った. しかも重要な産物がえられた. それはゴジラみたいな完全数である.

スーパーメルセンヌ完全数を定義するために $a = p = \sigma(2^e) + m = 2^{e+1} - 1 + m$ を奇素数とする. したがって, m は偶数になる.

読者は $a = 2^e$ の代わりに $a = p = \sigma(2^e) + m$ としている点に注意してほしい.

すると $\sigma(a) = p + 1 = 2^{e+1} + m$ となるので $\sigma(a) - m = 2^{e+1}$.

ここでパートナーを次のように導入する. $A = \sigma(a) - m$ とおくのである. すると $A = 2^{e+1}$.

$\sigma(A) = 2^{e+2} - 1$, $a + 1 - m = 2^{e+1}$ を使うと,

$$\sigma(A) = 2^{e+2} - 1 = 2(a + 1 - m) - 1 = 2a - 2m + 1.$$

そこで得られた次式をスーパーメルセンヌ完全数 a の連立定義式という.

$$A = \sigma(a) - m, \ \sigma(A) = 2a - 2m + 1$$

その解 a をスーパーメルセンヌ完全数. また A をそのパートナーという. さらに $B = \sigma(A) - 1$ をシャドウという.

命題 1　a が素数になる必要十分条件は $A = 2^e$.

Proof.　$A = \sigma(a) - m$, $\sigma(A) = 2a - 2m + 1$ により

$$2A - \sigma(A) = (2\sigma(a) - 2m) - (2a - 2m + 1) = 2(\sigma(a) - a) - 1.$$

a が素数なら $\sigma(a) - a = 1$ により, $2A - \sigma(A) = 1$.

ここで概完全数の予想を使うと, $A = 2^e$.

逆に $A = 2^e$ なら $2A - \sigma(A) = 1$ により, $\sigma(a) - a = 1$. よって a は素数. *End*

3. スーパーメルセンヌ完全数とスーパー完全数

スーパー完全数の定義式

$$A = \sigma(a) + m,\ \sigma(A) = 2a + m.$$

とスーパーメルセンヌ完全数の定義式

$$A = \sigma(a) - m,\ \sigma(A) = 2a - 2m + 1$$

を比べてみるとほとんど同じである．m の符号が入れ替わったのは不注意のなせる業だ．

$m = 0$ の場合が基本的である．その場合は 1 つにまとめるとスーパー完全数の定義式は $\sigma^2(a) = 2a$ となり解は 2 べき，すなわち $a = 2^e$．

スーパーメルセンヌ完全数は 1 つにまとめると $\sigma^2(a) = 2a + 1$ となり解は $a = 2^{e+1} - 1$ とかける素数になるはずである．

ただし証明はできていない．スーパー完全数の場合は a が偶数なら証明はできている（Suryanaryana）．

しかしスーパーメルセンヌ完全数の場合は $A = \sigma(a)$ を偶数と仮定しても証明できない．

4. 計算例

いろいろな m について平行移動 m のスーパーメルセンヌ完全数を計算してみた．

a が素数なら $A = 2^e$ になる場合が標準的である．a が素数でない場合を $*$ で印した．

表 1：$P=2$ super Mersenne perfect numbers

a	素因数分解	A	素因数分解	B	素因数分解
$m=-14$					
17	17	32	2^5	62	$2*31$
113	113	128	2^7	254	$2*127$
241	241	256	2^8	510	$2*3*5*17$
1009	1009	1024	2^{10}	2046	$2*3*11*31$
185 *	$5*37$	242	$2*11^2$	398	$2*199$
$m=-13$					
2	2	16	2^4	30	$2*3*5$
$m=-12$					
3	3	16	2^4	30	$2*3*5$
19	19	32	2^5	62	$2*31$
499	499	512	2^9	1022	$2*7*73$
8179	8179	8192	2^{13}	16382	$2*8191$

a が素数にならないものに興味がある.

$m=-14$ のとき $a=18=5*37$, があり, このとき

$A=242=2*11^2$, $B=62=2*31$.

平行移動したスーパーメルセンヌ完全数において, a が素数なら平行移動したメルセンヌ素数と呼ぶことは差しさわりがない. a が素数でないなら, a を裏のメルセンヌ完全数と呼んでもいいと思う.

表 2：スーパーメルセンヌ完全数

a	素因数分解	A	素因数分解	B	素因数分解
$m=-10$					
18 *	$2*3^2$	49	7^2	56	2^3*7
5	5	16	2^4	30	$2*3*5$
53	53	64	2^6	126	$2*3^2*7$
1013	1013	1024	2^{10}	2046	$2*3*11*31$
$m=-9$					
51 *	$3*17$	81	3^4	120	2^3*3*5
53 * 7	$3*179$	729	3^6	1092	$2^2*3*7*13$
4911 *	$3*1637$	6561	3^8	9840	$2^2*3*5*41$

$m=-10$ のときは $a=18=2*3^2$ という非素数の解がある.

5. 変な奴

スーパーメルセンヌ完全数は本来の定義に基づけば m が偶数の場合にのみ考えるべきである．実際，m が偶数だと解は素数の場合が多く，これらは平行移動 m のメルセンヌ完全素数というべきものである．

しかしながら m が奇数の場合も考える．m が奇数の場合にパソコンで計算してみるとわずかな解があるだけのようだ．私はここで，冥王星の研究を想起する．冥王星に探査機を飛ばして近くから眺めると，実にさまざまな風景がありいくら研究しても
追いつかない豊富な世界だった．

$m=-9$ には $a=3p,\ p\,(\neq 2,3)$: 素数，$A=3^e$ となる解が 3 個ありここには不思議な法則がありそうだ．

そこで $A=\sigma(a)-m,\ \sigma(A)=2a-2m+1$ に $m=-9$ を代入する．

$$A=\sigma(a)+9,\ \sigma(A)=2a+19.$$

$a=3p$ と $A=3^e$ を代入する．

$A=\sigma(a)+9=4p+13=3^e$ をえる．

> **命題 2**　$4p+13=3^e$ を満たすとき $a=3p,\ (p\neq 2,3)$ は $A=\sigma(a)+9,\quad \sigma(A)=2a+19$ となる．

Proof.

$A=\sigma(a)+9=4p+13=3^e$，よって $2\sigma(A)=3^{e+1}-1.$　*End*

$\dfrac{3^e-13}{4}$ が素数 p になる場合は解である．

こうして解があらたに発見された．$\dfrac{3^e-13}{4}$ が素数 p になる e は無限にありそうな気がする．

命題 3　$A=\sigma(a)+9,\ \sigma(A)=2a+19$ について $a=3p$ を仮定して $A=3^e$ を導く．ただし仮説を使う．

Proof.

$a=3p$ を代入すると，

$A=\sigma(a)+9=4p+13,\ \sigma(A)=2a+19=6p+19.$

$A-13=4p,\ \sigma(A)-19=6p$ により

$(12p=)3A-39=2\sigma(A)-38.$

これより，$3A-1=2\sigma(A)$．次の仮説を使う．

$\dfrac{3^e-13}{4}$ が素数 p になる場合は解である．

表 3： $m=-9$ の解 $a=3p,\ A=3^e$

e	$3*p$
4	$51=3*17$
6	$537=3*179$
8	$4911=3*1637$
10	$44277=3*14759$
12	$398571=3*132857$
88	$3*242443432446880900719205485541020203890037$

こうして解があらたに発見された．

命題 4　$A=\sigma(a)=9,\ \sigma(A)=2a+19$ において，　$a=3^e$ を仮定して $A=3^e$ を導く．ただし仮説を使う．

Proof.

　$a=3p$ を代入すると，

$A=\sigma(a)+9=4p+13,\ \sigma(A)=2a+19=6p+19.$

$A-13=4p,\ \sigma(A)-19=6p$ により

$(12p=)3A-39=2\sigma(A)-38.$

これより, $3A-1=2\sigma(A)$. 次の仮説を使う.

注意 1 素数 p について $(p-1)\sigma(a)=ap-1$ が成り立てば a は p のべき.

ただし, $p=2,3$ には反例が知られていないが, 100 万以下では次の反例がある.

- $p=5$ のとき $a=7*11$
- $p=7$ のとき $a=97783=7*61*229$
- $p=11$ のとき $a=611=13*47$
- $p=17$ のとき $a=1073=29*37$
- $p=17$ のとき $a=2033=19*107$

表 4：スーパーメルセンヌ完全数

a	素因数分解	A	素因数分解	B	素因数分解
$m=-1$					
2	2	4	2^2	6	$2*3$
14	$2*7$	25	5^2	30	$2*3*5$
$m=0$					
3	3	4	2^2	6	$2*3$
7	7	8	2^3	14	$2*7$
31	31	32	2^5	62	$2*31$
127	127	128	2^7	254	$2*127$
8191	8191	8192	2^{13}	16382	$2*8191$
131071	131071	131072	2^{17}	65537	65537
147455	$5*7*11*383$	221184	$2^{13}*3^3$	73729	$17*4337$
524287	524287	524288	2^{19}	262145	$5*13*37*109$

$m=0$ のとき解 a が素数ならそれはメルセンヌ素数なのであるが, $a=147455=5*7*11*383$ という変な解が出た.

6．底が一般の場合のスーパーメルセンヌ完全数

奇素数 P を固定し，これを底とみなして $a=p=\sigma(P^e)+m$ が素数と仮定する．すると，$\sigma(a)=a+1$．

$\sigma(P^e)=\dfrac{P^{e+1}-1}{\overline{P}}$ により $a=p=\sigma(P^e)+m=\dfrac{P^{e+1}-1}{\overline{P}}+m$ なので，

$$\sigma(a)=a+1=\frac{P^{e+1}+P-2}{\overline{P}}+m$$

これより

$$\overline{P}(\sigma(a)-m)+2-P=P^{e+1}.$$

そこで，$A=\overline{P}(\sigma(a)-m)+2-P$ とおくと，$A=P^{e+1}$．

それゆえ，

$$\overline{P}\sigma(A)=P^{e+1}-1.$$

$\overline{P}(a-m)+1=P^{e+1}$ を使うと，

$$\overline{P}\sigma(A)+1=P^{e+2}=P\overline{P}(a-m)+P.$$

$$\overline{P}\sigma(A)=P\overline{P}(a-m)-\overline{P}^2+\overline{P}.$$

よって，$\overline{P}$ を払うと

$$\sigma(A)=P(a-m)-\overline{P}+1.$$

$A=\overline{P}(\sigma(a)-m)+2-P$ と $\sigma(A)=P(a-m)-\overline{P}+1$ を連立させて，この解 a をスーパーメルセンヌ完全数といい a をそのパートナ，$B=\sigma(A)-1$ をシャドウという．

スーパーメルセンヌ完全数において a が素数のとき a が P べきとなる対応関係を調べる．

スーパーメルセンヌ完全数の定義式 $A=\overline{P}(\sigma(a)-m)+2-P$ と $\sigma(A)=P(a-m)-\overline{P}+1$ を元に計算を実行する．

$$\begin{aligned}\overline{P}\sigma(A)-PA &= \overline{P}(P(a-m)-\overline{P}+1)-P(\overline{P}(\sigma(a)-m)+2-P)\\ &= \overline{P}(P(a)-\overline{P}+1)-P(\overline{P}(\sigma(a))+2-P)\\ &= \overline{P}P(a+1-\sigma(a))-1.\end{aligned}$$

$$\overline{P}\sigma(A)-PA=\overline{P}P(a+1-\sigma(a))-1.$$

補題 1 a が素数のとき $\overline{P}\sigma(A)-PA=-1$ を満たす．その逆も正しい．

Proof.

a が素数のとき $a+1-\sigma(a)=0$．よって上の式より $\overline{P}\sigma(A)-PA=-1$． *End*

$\overline{P}\sigma(A)-PA=-1$ なら $A=P^e$ となるだろう，というのが一般化された概完全数予想である．

$P=2,3$ では反例が発見されていない．しかし $P=5,7,11$ なら反例がある．

7. $P=3$ のスーパーメルセンヌ完全数

表 5： $P=3$ スーパーメルセンヌ完全数

a	素因数分解	A	素因数分解	B	素因数分解
$m=-3$					
37	37	81	3^4	120	2^3*3*5
$m=-2$					
2	2	9	3^2	12	2^2*3
11	11	27	3^3	39	$3*13$
1091	1091	2187	3^7	3279	$3*1093$
9839	9839	19683	3^9	29523	$3*13*757$
$m=-1$					
3	3	9	3^2	12	2^2*3

7.1　$P=5$ のスーパーメルセンヌ完全数

表 6：$P=5$ スーパーメルセンヌ完全数

$P=5$					
$m=-17$					
2	2	77	$7*11$	95	$5*19$
139	139	625	5^4	780	$2^2*3*5*13$
3889	3889	15625	5^6	19530	$2*3^2*5*7*31$
$m=-16$					
3	3	77	$7*11$	95	$5*19$
$m=-14$					
5	5	77	$7*11$	95	$5*19$
17	17	125	5^3	155	$5*31$
4037	$11*367$	17717	$7*2531$	20255	$5*4051$
47585	$5*31*307$	236597	$197*1201$	237995	$5*47599$

1．$m=-17$ のとき $a=2$, $A=77=7*11$．素数 $a=2$ に対し A の値に 77 が現れた．7 のべきではないにもかかわらず．

2．$m=-16$ のとき $a=3$, $A=77=7*11$．素数 $a=2$ に対し A の値に 77 が現れた．

3．$m=-14$ のとき $a=5$, $A=77=7*11$．素数 $a=2$ に対し A の値に 77 が現れた．

このことを計算で確認してみよう．

スーパーメルセンヌ完全数の定義式に $P=5$ を代入する．

$\sigma(A)=8*12=96$ なので

$A=\overline{P}(\sigma(a)-m)+2-P=4(\sigma(a)-m)-3=77$ と

$\sigma(A)=5(a-m)-3=96$．$A=77$ に対応するので a は素数．

$4(\sigma(a)-m)=80$ より $a-m=20-1=19$．

したがって，$a=19+m$ が素数になれば，a こそパートナーが 77 になるスーパーメルセンヌ完全数である．

$m=-17$ のとき $a=2$；$m=-16$ のとき $a=3$；$m=-14$ のとき $a=5$．

$P=7$ のスーパーメルセンヌ完全数をみてみよう.

表 7: $P=7$ のスーパーメルセンヌ完全数

$P=7$					
a	素因数分解	A	素因数分解	B	素因数分解
$m=-26$					
31	31	343	7^3	399	3*7*19
159943	7*73*313	1115479	277*4027	1119783	3*7*53323
$m=-25$					
19583	19583	117649	7^6	137256	2^3*3*7*19*43
$m=-24$					
1673	7*239	11659	89*131	11879	7*1697
2777	2777	16807	7^5	19607	7*2801
16273	16273	97783	7*61*229	114079	7*43*379

$m=-24$ のとき素数 $a=16273$ のパートナー $A=97783=7*61*229$ は 7 のべきではない. これこそ $P=7$ での一般化された概完全数予想の反例なのだ.

$\sigma(a)=2a-1$ を満たす数を概完全数と呼ぶことを私は wiki を通じて知った. 2 べき, すなわち 2^e で書ける数しか知られていない. 奇数完全数の問題と同じように解決困難なことで有名である. これを底が P の場合に考えてみたが $P=5,7,11$ などで反例のあることがわかった.

今回の研究ではスーパーメルセンヌ数の研究において一般化された概完全数予想が重大な意味を持つことがわかった. 一般の場合では反例を決定することが望ましい. 決定できなくても有限個かどうかを知りたい. これらの研究を概完全数予想の深化と呼んでもいいだろう.

2. ゴジラのような完全数

1. スーパーメルセンヌ完全数合流型

スーパーメルセンヌ完全数には素数の例が圧倒的に多かった. それはスーパーメルセンヌ完全数の定義が強く制約的なことを意味する.

ユークリッド関数 $\sigma(a)$ の代わりにオイラー関数 $\varphi(a)$ を用いて力を少し弱めてみる.

このように考えることに正当性があるかどうかはいささか心配なところである. しかし結果を見て定義の妥当性を判断することにしたい.

1.1 $P=2$ のときのスーパーメルセンヌ完全数合流型

$a=p=\sigma(2^e)+m=2^{e+1}-1+m$ を素数とする.

$\sigma(a)=p+1=2^{e+1}+m$ となるので $\sigma(a)-m=2^{e+1}$.

$A=\sigma(a)-m$ とおくと $A=2^{e+1}$.

ここで $\sigma(A)=2^{e+2}-1$ としないで　$\varphi(A)=2^e$ と $a+1-m=2^{e+1}$ を使うと,

$$2\varphi(A)=2^{e+1}=a-m+1.$$

そこで得られた式

$$A=\sigma(a)-m \text{ と } 2\varphi(A)=a-m+1$$

をスーパーメルセンヌ完全数合流型 a の連立定義式, その解をスーパーメルセンヌ完全数合流型. A をそのパートナーという. $B=\varphi(A)+1$ をシャドウという.

命題 1　a が素数になる必要十分条件は $A=2^e$.

Proof.

$A=\sigma(a)-m,\ 2\varphi(A)=a-m+1$ により

$$A-2\varphi(A)=\sigma(a)-m-a+m-1=\sigma(a)-a-1.$$

a が素数なら $\sigma(a)-a=1$ により $A-2\varphi(A)=0$. このとき $A=2^e$. 逆も成立. *End*

補題 1　$A=2\varphi(A)$ のとき $A=2^e$.

Proof.

$A=2^eL$, (L : 奇数)の形に書くと,

$A=2^eL=2\varphi(A)=2^e\varphi(L)$ により, $L=\varphi(L)$.

よって, $L=1$; したがって, $A=2^e$. *End*

2. スーパーメルセンヌ完全数合流型の計算例

表 1　スーパーメルセンヌ完全数合流型

a	素因数分解	A	素因数分解	B	素因数分解
$m=-1$					
2	2	4	2^2	3	3
$m=0$					
3	3	4	2^2	3	3
7	7	8	2^3	5	5
31	31	32	2^5	17	17
127	127	128	2^7	65	5*13
8191	8191	8192	2^{13}	4097	17*241
131071	131071	131072	2^{17}	65537	65537
524287	524287	524288	2^{19}	262145	5*13*37*109
15	3*5	24	2^3*3	9	3^2
1023	3*11*31	1536	2^9*3	513	3^3*19
147455	5*7*11*383	221184	$2^{13}*3^3$	73729	17*4337

$m=0$ のとき解 a には(元祖)メルセンヌ素数が並ぶ.

解がこれしかないなら，ここでもオイラーの定理(偶数完全数はユークリッド型完全数)の類似が成り立つ，と言えてすばらしい成果を誇ることができたはずである．しかし，そうは問屋が卸さない．それ以外の解が複数個でてきた．そしてそれらのパートナーは 2^e*3^f の形をしている.

これは一般にも成り立つかどうかはわからない．研究の手がかりとして解とそのパートナーについて $a=3\mu$, $A=2^e*3^f$ を仮定して調べることにする.

さらに $(3,\mu)$ は互いに素と仮定する.

$$A=\mu a(a)=4\mu a(\mu)=2^e*3^f,$$
$$2\varphi(A)=a+1=3\mu+1,$$
$$2\varphi(A)=2^{e+1}3^{f-1}.$$

これより $2^{e+1}3^{f-1}=3\mu+1$ を得た.

先に進むためにさらに次の仮定をする.

i.　$\mu=p$ ：奇素数.

$4(p+1)=2^e*3^f$, $2^{e+1}3^{f-1}=3p+1$ がえられた．次のように計算する.

$p+1=2^{e-2}*3^f$ により $2^{e+1}3^{f-1}=3p+1=2^{e-2}*3^{f+1}-2$.

ゆえに $2^e3^{f-1}=2^{e-3}*3^{f+1}-1$, $1=2^{e-3}*3^{f+1}-2^e3^{f-1}$.

これより，$e=3, f=1$．すなわち，$A=8*3=24$.

$p+1=2^{e-2}*3^f=6$.

よって，$p=5$, $a=15$.

ii.　$\mu=pr$ ($p>r$ ：奇素数).

$$A=\mu a(a)=4\mu a(\mu)=2^e*3^f=4\tilde{p}\tilde{r},$$

ここで $\tilde{p}=p+1$, $\tilde{r}=r+1$ とおきさらに $\varDelta=p+r$ とすると,

$\tilde{p}\tilde{r}=\mu+\Delta+1.$

$2^e*3^f=4\tilde{p}\tilde{r},\ 2\varphi(A)=2\varphi(2^e*3^f)=2^{e+1}*3^{f-1}.$

$2^{e+1}*3^{f-1}=2\varphi(A)=a+1=3\mu+1$ を 3 倍して

$2^{e+1}*3^f=3(3\mu+1),\ 2^{e+1}*3^f=2*2^e*3^f=8\tilde{p}\tilde{r}=8(\mu+\Delta+1).$

$3(3\mu+1)=9\mu+3=8(\mu+\Delta+1)$ によって，$\mu=8\Delta+5.$

$p_0=p-8,\ r_0=r-8$ とおくと，$p_0r_0=\mu-8\Delta+64.$

$\mu-8\Delta=5$ を代入して，$p_0r_0=\mu-8\Delta+64=69.$

$69=23*3$ と分解すると，対応して $p_0=23,\ r_0=3.$

$p=31,\ r=11,\ \mu=pr,\ a=3\mu=3*11*31=1023.$

実は $2^{10}-1=1023.$

$69=69*1$ と分解すると $q_0=69,\ r_0=1$ なので $r=9$. 素数の仮定に反する．

iii. $a=3\mu,\ \mu=prs$:（$p>r>s$: 奇素数），の解は多分ない．

$a=5\mu,\ \mu=prs$:（$p>r>s>5$: 奇素数），の解を探すのは大変であろう．ここでひとまず中止．

表 2：$P=2$ のスーパーメルセンヌ完全数合流型

a	素因数分解	A	素因数分解	B	素因数分解
$m=1$					
2	2	2	2	2	2
4	2^2	6	$2*3$	3	3
16	2^4	30	$2*3*5$	9	3^2
256	2^8	510	$2*3*5*17$	129	$3*43$
65536	2^{16}	131070	$2*3*5*17*257$	32769	$3^2*11*331$
$m=2$					
3	3	2	2	2	2
5	5	4	2^2	3	3
17	17	16	2^4	9	3^2
257	257	256	2^8	129	$3*43$
65537	65537	65536	2^{16}	32769	$3^2*11*331$
265	$5*53$	322	$2*7*23$	133	$7*19$
1969	$11*179$	2158	$2*13*83$	985	$5*197$
32001	$3*10667$	42670	$2*5*17*251$	16001	16001
70513	$107*659$	71278	$2*157*227$	35257	35257

$m=1$ の場合は

$$A=\sigma(a)-m=\sigma(a)-1,\ 2\varphi(A)=a-m+1=a.$$

計算結果の表によると　a は素数ではなく 2 べきが出ている．本来，a は素数でパートナが 2 のべきあるはずで，一種の逆転が起きている．

実際，　$a=2^e$, $e=1,2,4,8,16$ となり，パートナーは 2 べきではなく $A=2*3*5*17*257$ などであり，2 に続いてフェルマー素数が順に並んだ積となる．

これには感嘆せざるを得ない．このことの証明は出来そうだが執筆時点ではうまく行かない．そこで卑怯な手を使う．

$a=2^e$, $(e\geqq 2)$ を仮定する．

$A=\sigma(a)-1=2*(2^e-1)$ なので，　$M=2^e-1$ とおく．$2\varphi(A)=a$ に注意．

$A=2M,\ M$ ：奇数，により

$$2\varphi(A)=2\varphi(2M)=2\varphi(M)=a=2^e=M+1.$$

これより，$M=2\varphi(M)-1.$

M は平方数を含まないので，奇素数 $p,q,r,\cdots$ について，$M=pqr\cdots$ などとおいて計算すれば，フェルマー素数が順に並んだ積となることがわかるであろう.

3. $m=3$ の場合

表 3：スーパーメルセンヌ完全数合流型，$m=3$ の場合

a	素因数分解	A	素因数分解	B	素因数分解
$m=3$					
2	2	0	0	1	1
50	$2*5^2$	90	$2*3^2*5$	25	5^2
98	$2*7^2$	168	2^3*3*7	49	7^2
242	$2*11^2$	396	2^2*3^2*11	121	11^2
578	$2*17^2$	918	$2*3^3*17$	289	17^2
1058	$2*23^2$	1656	2^3*3^2*23	529	23^2
1922	$2*31^2$	2976	2^5*3*31	961	31^2
4418	$2*47^2$	6768	2^4*3^2*47	2209	47^2
5618	$2*53^2$	8586	$2*3^4*53$	2809	53^2
10082	$2*71^2$	15336	2^3*3^3*71	5041	71^2
22898	$2*107^2$	34668	2^2*3^4*107	11449	107^2
32258	$2*127^2$	48768	$2^7*3*127$	16129	127^2
72962	$2*191^2$	110016	2^6*3^2*191	36481	191^2
293378	$2*383^2$	441216	2^7*3^2*383	146689	383^2

この表をみてほしい．スーパーメルセンヌ完全数合流型は見事なまでに美しい姿をみせてくれた.

$a=2*p^2$,（p ：素　数），　$B=p^2$,（p ：素　数），　ここで $B=\varphi(A)+1$ である.

平方を与える多数の印がゴジラの頭から尾までつづく数多の板を連想させる.

しかも板には a, B の2系列がある．すばらしい！
スーパーメルセンヌ完全数合流型の中にゴジラのようなものが見いだされた．

> **定理1**　$m=3$ のとき解は $a=2*p^2$,（p：素数）を仮定すると，
> $p=2^e3^f-1$, $B=p^2$ と書ける．

Proof.

$m=3$ のとき定義式は

$A=\sigma(a)-m=\sigma(a)-3$, $2\varphi(A)=a-m+1=a-2$.

$a=2*p^2$ により $A=\sigma(a)-3=3p(p+1)$．$p+1$ は p で割れない偶数なので，　$p+1=2^e3^fR$,（R は，$2,3,p$ で割れないとする）．

$A=3p(p+1)=2^e3^{f+1}pR$ なので

$$2\varphi(A)=2^{e+1}3^f(p-1)\varphi(R)=2p^2-2=2(p+1)(p-1).$$

$p+1=2^e3^fR$ を代入して

$$2^{e+1}3^f(p-1)\varphi(R)=2(p+1)(p-1)=2(p-1)2^e3^fR.$$

よって，$\varphi(R)=R$．したがって，

$R=1$, $p+1=2^e3^f$, $A=2^e3^{f+1}p$.

$X=2^e3^f$ とおくとき $p+1=2^e3^f=X$．よって，

$$p=2^e3^f-1,$$
$$B=\varphi(A)+1=2^e3^f\,\overline{p}+1=X\overline{p}+1$$
$$=X(X-2)+1=(X-1)^2=p^2$$

End

逆に，$X=2^e3^f$ とおくとき $p=X-1$ が素数と仮定すると，$a=2*p^2$ は

$A=\sigma(a)-m=\sigma(a)-3$, $2\varphi(A)=a-m+1=a-2$.

実際，　$A=\sigma(a)-3=3p(p+1)=2^e 3^{f+1} p$ なので，

$2\varphi(A)=2^{e+1}3^f(p-1)=2X(p-1)$.

$a-2=2(p^2-1)=2(p+1)(p-1)=2X(p-1)$ により，

$2\varphi(A)=a-m+1=a-2$.

e, f（ともに正）を動かして $p=2^e3^f-1$ と書ける素数 p は無限にあると思われる．

もしそうならゴジラの尾は無限に長いことになる．

しかし現代数学は力不足なのでゴジラの尾が無限に長いことを証明できる可能性はほとんど無いであろう．

図 1：ゴジラのような完全数（イラスト：飯高 順）

4. 底 P でのスーパーメルセンヌ完全数，合流型

$A=\overline{P}(\sigma(a)-m)+2-P$ の定義はそのままにして，$\sigma(a)$ の代わりに $\varphi(a)$ を使ってみる．この場合をスーパーメルセンヌ完全数，合流型という．

定義段階では $A=\overline{P}(\sigma(a)-m)+2-P$ のとき $A=P^{e+1}$ でありここで $\varphi(a)$ を使うと $\varphi(A)=\varphi(P^{e+1})=\overline{P}P^{e}$ となる．

$P\varphi(A)=\overline{P}P^{e+1}$ となるが，$A=\overline{P}(\sigma(a)-m)+2-P=P^{e+1}$.

$\sigma(a)=a+1$ が仮定されているので，

$A=\overline{P}(\sigma(a)-m)+2-P=\overline{P}(a+1-m)+2-P=P^{e+1}$.

$P^{e+1}=\overline{P}(a+1-m)+2-P=\overline{P}(a-m)+\overline{P}+2-P=\overline{P}(a-m)+1$

によって，

$$P\varphi(A)=\overline{P}P^{e+1}=\overline{P}^{2}(a-m)+\overline{P}.$$

よって，$A=\overline{P}(\sigma(a)-m)+2-P$ と $P\varphi(A)=\overline{P}^{2}(a-m)+\overline{P}$ を連立させて，スーパーメルセンヌ完全数合流型の定義方程式とみなす．

この解 a をスーパーメルセンヌ完全数合流型といい A をそのパートナ，$B=\sigma(A)-1$ をシャドウという．

命題 2　スーパーメルセンヌ完全数合流型の解 a が素数ならパートナー A は P^{e}.

Proof.

$A=\overline{P}(\sigma(a)-m)+2-P$ と $P\varphi(A)=\overline{P}^{2}(a-m)+\overline{P}$ を用いて

$$\begin{aligned}\overline{P}A-P\varphi(A)&=\overline{P}(\overline{P}(\sigma(a)-m)+2-P)-(\overline{P}^{2}(a-m)+\overline{P})\\&=\overline{P}(\overline{P}(\sigma(a)-a))-\overline{P}^{2}\\&=\overline{P}(\overline{P}(\sigma(a)-a-1)).\end{aligned}$$

これより

$$\overline{P}A-P\varphi(A)=\overline{P}^{\,2}(\sigma(a)-a-1).$$

a が素数なら $\sigma(a)-a=1$ なので $\overline{P}A=P\varphi(A)$.

A は P の倍数なので $A=P^{\eta}L, (P\nmid L)$ と書ける.

$P\varphi(A)=P\varphi(P^{\eta})\varphi(L)=\overline{P}P^{\eta}\varphi(L)$, $\overline{P}A=\overline{P}P^{\eta}L$ によって,

$$\overline{P}P^{\eta}\varphi(L)=\overline{P}P^{\eta}L.$$

したがって, $\varphi(L)=L$. それゆえ $L=1$ になるので, パートナー $A=P^{e}$. *End*

つぎに $P=3$ のスーパーメルセンヌ完全数合流型の例を載せたいところだが現在のところ, a はすべて素数, その結果 A はすべて 3 のべきなのであえて紙面を割くほどのことはない. しかし $P=5$ のスーパーメルセンヌ完全数合流型には面白い例がいくつかでてきた.

5. $P=5$ のスーパーメルセンヌ完全数合流型

表 4: $P=5$ スーパーメルセンヌ完全数合流型

a	素因数分解	A	素因数分解	B	素因数分解
$m=-21$	$q=8p+35$				
	$5*p$		$3*q$		$2q-1$
15	$5*3$	177	$3*59$	117	3^2*13
65	$5*13$	417	$3*139$	277	277
155	$5*31$	849	$3*283$	565	$5*113$
185	$5*37$	993	$3*331$	661	661
215	$5*43$	1137	$3*379$	757	757
305	$5*61$	1569	$3*523$	1045	$5*11*19$
335	$5*67$	1713	$3*571$	1141	$7*163$
365	$5*73$	1857	$3*619$	1237	1237
485	$5*97$	2433	$3*811$	1621	1621
515	$5*103$	2577	$3*859$	1717	$17*101$
545	$5*109$	2721	$3*907$	1813	7^2*37
635	$5*127$	3153	$3*1051$	2101	$11*191$

$P=5$ のスーパーメルセンヌ完全数合流型の定義式に $P=5$ を代入すると,

$$A=4(\sigma(a)-m)-3,\ 5\varphi(A)=4*5^{e+1}=4^2(a-m)+4.$$

さらに $m=-21$, $a=5p$, $A=3q$ を代入すれば

$$3q=A=4(6p+6+21)-3,\ 5\varphi(A)=4*5^{e+1}=4^2(5p+21)+4.$$

$3q=A=4(6p+6+21)-3$ から $q=8p+35$ がでる.

$(p,q=8p+35)$ はスーパー双子素数.

$5\varphi(A)=4^2(5p+21)+4$ からも同じ式が得られる.

$B=\varphi(A)+1=2q-1=16p+69$ が素数なら

$(p,q=8p+35,\ B=16p+69)$ はウルトラ三つ子素数.

表5: $P=5$ スーパーメルセンヌ完全数合流型

a	素因数分解	A	素因数分解	B	素因数分解
$m=-9$					
77	$7*11$	417	$3*139$	277	277
25277	$7*23*157$	121377	$3*40459$	80917	80917
$m=-8$					
23	23	125	5^3	101	101
773	773	3125	5^5	2501	$41*61$
$m=-7$					
149	149	625	5^4	501	$3*167$
$m=-5$					
151	151	625	5^4	501	$3*167$

$m=-9$ のとき, $a=7p$, $A=3q$, $p=11$, $q=139$, と書ける解がある. ここは今後の研究に委ねたい.

3. オイラー型メルセンヌ完全数

1. オイラー関数

与えられた自然数 e と整数 m とに対して $a=2^{e+1}-1+m$ を素数と仮定する.

オイラー関数 $\varphi(a)$ を用いれば $\varphi(a)=a-1$ となるので $\varphi(a)=2^{e+1}-2+m$.

式を変形して

$$\varphi(a)-m+2=2^{e+1}.$$

そこで $A=\varphi(a)-m+2$ とおくとき, $A=2^{e+1}$.

$\varphi(A)=\varphi(2^{e+1})=2^e=(a-m+1)/2$ となるのでこれを 2 倍して $2\varphi(A)=a-m+1$.

そこで得られた式をもとに次の定義をする.

定義 1 $A=\varphi(a)-m+2$ と $2\varphi(A)=a-m+1$ をオイラー型スーパーメルセンヌ完全数の連立定義式, その解 a をオイラー型スーパーメルセンヌ完全数, A をそのパートナーという. $B=\varphi(A)+1$ をシャドウという.

1.1 簡単な例

$m=-1,0,2$ についてパソコンで計算した結果を眺めてみよう.

表 1：オイラー型スーパーメルセンヌ完全数

a	素因数分解	A	素因数分解	B	素因数分解
$m=-1$					
2	2	4	2^2	3	3
6	$2*3$	5	5	5	5
10	$2*5$	7	7	7	7
22	$2*11$	13	13	13	13
34	$2*17$	19	19	19	19
58	$2*29$	31	31	31	31
$m=0$					
3	3	4	2^2	3	3
7	7	8	2^3	5	5
31	31	32	2^5	17	17
127	127	128	2^7	65	$5*13$
$m=2$					
3	3	2	2	2	2
5	5	4	2^2	3	3
17	17	16	2^4	9	3^2
257	257	256	2^8	129	$3*43$

これから，m が偶数の時，a が素数でパートナー A は 2 べき，すなわち 2^e になることが見て取れる．

2．準備的補題

これらを証明するために簡単な準備的補題を用意する．

補題 1　$A=2\varphi(A)$ のとき $A=2^e$.

Proof.

$A=2\varphi(A)$ は偶数なので $A=2^eL$,（L ：奇数）の形に書くと，

$A=2^eL=2\varphi(A)=2^e\varphi(L)$ により，$L=\varphi(L)$.

よって，$L=1$；したがって，$A=2^e$.　*End*

命題 1　オイラー型スーパーメルセンヌ完全数 a が素数になる必要十分条件は $A=2^e$.

Proof.

連立定義式

$$A=\varphi(a)-m+2,\ 2\varphi(A)=a-m+1$$

の辺々を引いて,

$$A-2\varphi(A)=\varphi(a)+1-a.$$

a が素数なら $\varphi(a)+1-a=0$. これより, $A-2\varphi(A)=0$.

よって, $A=2^e$. 逆の証明も容易. *End*

次の結果は水谷一氏に教えてもらった.

補題 2　a が偶数なら $a \geqq 2\varphi(a)$.

ここで等号成立なら $a=2^e$.

Proof.

$a=2^e L$, ($e>0$, L : 奇数)の形に書くと,

$a-2\varphi(a)=2^e(L-\varphi(L))$.

$L>1$ なら $L-\varphi(L)>0$.

ゆえに $a-2\varphi(a)=2^e(L-\varphi(L)) \geqq 2^e$. *End*

3．主定理

次の著しい結果がある．

定理1　オイラー型スーパーメルセンヌ完全数において，m が偶数なら，a は素数．

a が素数なら A は2べきなのであえて $A=2^{e+1}$, $e \geqq 0$ と書く．定義により，

$2^{e+1}=A=\varphi(a)-m+2=a-m+1.$

よって，$a=2^{e+1}-1+m$ が素数．

例えば，$m=0$ なら $a=2^{e+1}-1+m=2^{e+1}-1$ はメルセンヌ素数．

Proof.

$A=\varphi(a)-m+2$ により，A は偶数．$A=2^{e+1}L$，(L ：奇数)．

$$A-2\varphi(A)=\varphi(a)+1-a \leqq 1.$$

$$A-2\varphi(A)=2^{e+1}L-2^{e+1}\varphi(L)=2^{e+1}\mathrm{co}\,\varphi(L) \geqq 0.$$

ここで $\mathrm{co}\,\varphi(L)=L-\varphi(L)$．　よって，$L=1$．したがって．$A=2^{e+1}$．　*End*

m が偶数なら $a=2^{e+1}-1+m$ は素数になる．

したがって，$2^{e+1}-1+m$ が素数になる e を求めて $a=2^{e+1}-1+m$ とおけばこれがオイラー型スーパーメルセンヌ完全数になる．

$2^{e+1}-1+m$ が素数になる e を求めることはパソコンで容易にできる．

表 2：オイラー型スーパーメルセンヌ完全数 $(m=-2,0,2)$

e	a	A	2^{e+1}	$a*A$
$m=-2$				
2	5	8	2^3	40
3	13	16	2^4	208
4	29	32	2^5	928
5	61	64	2^6	3904
8	509	512	2^9	260608
9	1021	1024	2^{10}	1045504
11	4093	4096	2^{12}	16764928
13	16381	16384	2^{14}	268386304
19	1048573	1048576	2^{20}	1099508482048
$m=0$				
1	3	4	2^2	12
2	7	8	2^3	56
4	31	32	2^5	992
6	127	128	2^7	16256
12	8191	8192	2^{13}	67100672
16	131071	131072	2^{17}	17179738112
18	524287	524288	2^{19}	274877382656
30	2147483647	2147483648	2^{31}	4611686016279904256
$m=2$				
1	3	2	2	6
2	5	4	2^2	20
3	17	16	2^4	272
7	257	256	2^8	65792
15	65537	65536	2^{16}	4295032832

$m=0$ のとき解 a にはメルセンヌ素数が並ぶ．そのパートナー A との積 aA を取ると 12，56，$2*496$，8128 となり，これらは元祖完全数の 2 倍となる．

m が偶数の場合，オイラー型スーパーメルセンヌ完全数はよくわかったと言ってよい．

そもそも定義するとき，$a=2^{e+1}-1+m$ を素数と仮定してから定義を一般化してオイラー型スーパーメルセンヌ完全数の概念を導入したが m が偶数の場合は $a=2^{e+1}-1+m$ と戻ってしまった．

しかし m が奇数の場合は事態が全く異なる．

4．m：奇数の場合の計算例

パソコンでの計算から得られたオイラー型スーパーメルセンヌ完全数の数表を眺めてみよう．するとスーパー双子素数が見える．

表3：オイラー型スーパーメルセンヌ完全数

a	素因数分解	A	素因数分解	B	素因数分解
$m=-15$					
8	2^3	21	$3*7$	13	13
24	2^3*3	25	5^2	21	$3*7$
68	2^2*17	49	7^2	43	43
	2^4*p		q	q	q
176 208	2^4*11 2^4*13	97 113	97 113	97 113	97 113
$m=-13$					
2 30	2 $2*3*5$	16 23	2^4 23	9 23	3^2 23
$m=-11$					
4 28	2^2 2^2*7	15 25	$3*5$ 5^2	9 21	3^2 $3*7$
$m=-9$					
50	$2*5^2$	31	31	31	31
$m=-7$					
32	2^5	25	5^2	21	$3*7$
	2^3*p		$(q=4p+5)$	q	q
24 136 184	2^3*3 2^3*17 2^3*23	17 73 97	17 73 97	17 73 97	17 73 97

たとえば $m=-7$ のときは $a=8p$, $A=q$（p,q は奇素数）の形の解が主要なものである．このとき，$q=A=\varphi(a)-m+2=4(p-1)+9$ により，$q=4p+5$;(p,q) はスーパー双子素数．これは素数の織りなす美しい結晶体と言ってよい．

表 4：オイラー型スーパーメルセンヌ完全数

a	素因数分解	A	素因数分解	B	素因数分解
$m=-5$					
2	2	8	2^3	5	5
6	$2*3$	9	3^2	7	7
18	$2*3^2$	13	13	13	13
$m=-3$					
8	2^3	9	3^2	7	7
	2^2*p	q	$(q=2p+3)$	q	q
20	2^2*5	13	13	13	13
28	2^2*7	17	17	17	17
52	2^2*13	29	29	29	29
68	2^2*17	37	37	37	37
76	2^2*19	41	41	41	41
116	2^2*29	61	61	61	61

$m=-3$ のときは $a=4p$, $A=q$（p,q は奇素数）の形の解が主要なものである．

$q=A=\varphi(a)-m+2=2(p-1)+5$ により，$q=2p+3$.

表 5：オイラー型スーパーメルセンヌ完全数

a	素因数分解	A	素因数分解	B	素因数分解
$m=-1$					
2	2	4	2^2	3	3
	$2*p$	q	$(q=p+2)$	q	
6	$2*3$	5	5	5	5
10	$2*5$	7	7	7	7
22	$2*11$	13	13	13	13
34	$2*17$	19	19	19	19
58	$2*29$	31	31	31	31
82	$2*41$	43	43	43	43
$m=1$					
2	2	2	2	2	2
4	2^2	3	3	3	3
8	2^3	5	5	5	5
32	2^5	17	17	17	17

$m=-1$ のときは $a=2p$, $A=q$, $q=p+2$. (p,q) は双子素数.

5．m：奇数の場合の証明

m：奇数の場合 $m=2\mu-1$ とおく．オイラー型スーパーメルセンヌ完全数の定義式は $A=\varphi(a)+3-2\mu$, $2\varphi(A)=a-2\mu+2$ となる．

幸いにも a は偶数になるので $a=2^{\varepsilon}L$,（L：奇数）と書ける．

$2\varphi(a)=2^{\varepsilon}\varphi(L)$ によって，オイラー型スーパーメルセンヌ完全数の定義式は

$$2A=2^{\varepsilon}\varphi(L)+6-4\mu,\ \ 2\varphi(A)=2^{\varepsilon}\varphi(L)-2\mu+2.$$

この辺々を引くと（ここでオイラー余関数 $\mathrm{co}\,\varphi(a)=a-\varphi(a)$ を使う）

$$2\,\mathrm{co}\,\varphi(A)=-2^{\varepsilon}\,\mathrm{co}\,\varphi(L)+4-2\mu.$$

2で除して移項すると

$$0\leqq \mathrm{co}\,\varphi(A)+2^{\varepsilon-1}\mathrm{co}\,\varphi(L)=2-\mu.$$

これより $\mu\leqq 2$ となる．

1）$\mu=2$.　$m=3$, $A=1$, $L=1$ となる．

$a=2^{\varepsilon}$, $1=A=\varphi(a)-1$.　よって，$a=4$.

2）$\mu=1$.　$m=1$, $\mathrm{co}\,\varphi(A)+2^{\varepsilon-1}\mathrm{co}(L)=1$.（表5参照）

$\mathrm{co}\,\varphi(A)=1$, $L=1$.　よって，$a=2^{\varepsilon}$，A：素数．

$A=\varphi(a)+3-2\mu=2^{\varepsilon-1}+1$ が素数．

$\varepsilon=1$ なら，$a=2=A$.

$\varepsilon>1$ なら $A=2^{\varepsilon-1}+1$ はフェルマー素数．

3）$\mu=0$.　$m=-1$, $\mathrm{co}\,\varphi(A)+2^{\varepsilon-1}\mathrm{co}\,\varphi(L)=2$.（表5参照）

$L=1$ なら $a=2^{\varepsilon}$, $\mathrm{co}\,\varphi(A)=2$.　よって，

$A=4$, $A=\varphi(a)+3-2\mu=3+2^{\varepsilon-1}$.　ゆえに，$a=2$.

$L>1$ なら $\mathrm{co}\,\varphi(L)>0$, $\mathrm{co}\,\varphi(A)>0$ によって，

$\varepsilon-1=0$, $\mathrm{co}\,\varphi(L)=\mathrm{co}\,\varphi(A)=1$. A, L はともに素数で，
$a=2L$.

$A=\varphi(a)+3-2\mu=\varphi(2L)+3=L+2$. よって，$(A, L)$ は双子素数.

4) $\mu=-1$, $m=-3$, $\mathrm{co}\,\varphi(A)+2^{\varepsilon-1}\mathrm{co}\,\varphi(L)=3$.（表 4 参照）

$L=1$ なら $\mathrm{co}\,\varphi(A)=3$ によって，

$A=9$. $12=2\varphi(A)=a-2\mu+2=a+4$.

よって，$a=8$.

$L>1$ なら $\mathrm{co}\,\varphi(A)+2^{\varepsilon-1}\mathrm{co}\,\varphi(L)=3$ より $\varepsilon-1=1$ のとき
$\varepsilon=2$,

$\mathrm{co}\,\varphi(A)=\mathrm{co}\,\varphi(L)=1$ なので A, L：素数，$a=4L$.

$2A-2=2\varphi(A)=a-2\mu+2=4L+4$ によって，

$A-1=2L+2$; $A=2L+3$.

(A, L) はスーパー双子素数.

$\varepsilon=1$ のとき $\mathrm{co}\,\varphi(A)+\mathrm{co}\,\varphi(L)=3$ によって

$\mathrm{co}\,\varphi(A)=1$, $\mathrm{co}\,\varphi(L)=2$.

L は奇数なので $\mathrm{co}\,\varphi(L)=L-\varphi(L)$ も奇数に矛盾.

5) $\mu=-2$. $m=-5$, $\mathrm{co}\,\varphi(A)+2^{\varepsilon-1}\mathrm{co}\,\varphi(L)=4$.（表 4 参照）

$L=1$ なら $\mathrm{co}\,\varphi(A)=4$ によって，

$A=8$. $8=2\varphi(A)=a-2\mu+2=a+6$.

よって，$a=2$.

$L>2$ なら $\mathrm{co}\,\varphi(A)+2^{\varepsilon-1}\mathrm{co}\,\varphi(L)=4$.

$\varepsilon-1=1$ のとき，$a=4L$, $\mathrm{co}\,\varphi(A)+2\,\mathrm{co}\,\varphi(L)=4$ より，

$\mathrm{co}\,\varphi(A)=2$, $\mathrm{co}\,\varphi(L)=1$.

よって，$A=4$, L：素数. $4=2\varphi(A)=a-2\mu+2=4L+6$.
矛盾.

$\varepsilon-1=0$ のとき，$a=2L$, $\mathrm{co}\,\varphi(A)+\mathrm{co}\,\varphi(L)=4$.

$\mathrm{co}\,\varphi(A)=1$, $\mathrm{co}\,\varphi(L)=3$ なら，$L=9$, $a=2L=18$.

$2(A-1)=2\varphi(A)=a-m+1=18+6=24$. よって $A=13$.

6） $\mu=-3$, $m=-7$, $\mathrm{co}\,\varphi(A)+2^{\varepsilon-1}\mathrm{co}\,\varphi(L)=5$.（表3参照）

$L=1$ なら $\mathrm{co}\,\varphi(L)=0$ なので，$\mathrm{co}\,\varphi(A)=5$. よって，$A=25$.

$a=2^{\varepsilon}$, $25=A=\varphi(a)+3-2\mu=2^{\varepsilon-1}+9$.

よって，$2^{\varepsilon-1}=2^4$. ゆえに $a=2^{\varepsilon}=2^5=32$.

$L>1$ なら $\mathrm{co}\,\varphi(L)\geqq 1$.

$\varepsilon-1=2$ なら $\varepsilon=3$, $a=8L$, $\mathrm{co}\,\varphi(A)=\mathrm{co}\,\varphi(L)=1$.

A, L はともに素数であり，

$A=\varphi(a)+3-2\mu=4(L-1)+9=4L+5$. $q=A$, $p=L$ とすると

$A=4L+5$ によって，A, L はスーパー双子素数

$\mu=-4, -5, -6$ の場合は略す.

7） $\mu=-7$. $m=-15$, $\mathrm{co}\,\varphi(A)+2^{\varepsilon-1}\mathrm{co}\,\varphi(L)=2-\mu=9$.（表3参照）

$\varepsilon-1=3$ なら $\varepsilon=4$, $a=16L$, $\mathrm{co}\,\varphi(A)=\mathrm{co}\,\varphi(L)=1$.

A, L はともに素数であり，

$A=\varphi(a)+3-2\mu=8(L-1)+17=8L+9$.

$L=1$ なら，$a=2^{\varepsilon}$. $\mathrm{co}\,\varphi(L)=0$ によって，$\mathrm{co}\,\varphi(A)=9=3^2$.

ゆえに，$A=3^3$ または $A=7*3=21$.

$A=\varphi(a)+17=a=2^{\varepsilon-1}+17=21$ なら $2^{\varepsilon-1}=4$, $\varepsilon-1=2$.

ここで $\varepsilon=3$. $a=8$.（未完成）

5.1 オイラー型メルセンヌ完全数の彼方

オイラー型メルセンヌ完全数の定義式 $A=\varphi(a)-m+2$, $2\varphi(A)=a-m+1$ から辺々を引いて, m を消去する.

$\delta=a-\varphi(a)-1$ とおくとき $\delta \geqq 0$ であり次式が成立.

$$2\varphi(A)-A=\delta.$$

定義 2 $2\varphi(A)-A=\delta$ をオイラー型メルセンヌ完全数の彼方の定義式と言う.

$\delta=a-\varphi(a)-1$ が 0 でない場合を扱う.

δ が偶数なら, $2\varphi(A)-A=\delta$ により, A も偶数. したがって, $A=2^{\varepsilon}L$, (L : 奇数) と書ける.

$0 \leqq \delta=2\varphi(A)-A=2^{\varepsilon}(\varphi(L)-L) \leqq 0$. により

$L=1$, $A=2^{\varepsilon}$, $\delta=0$.

$2\varphi(A)-A=\delta>0$ の式を考えるとき δ は奇数のみでてくる.

次に計算例をあげる.

表6：オイラー型スーパーメルセンヌ完全数の彼方，　$A, 2\varphi(A)-A=\delta>0$

$\delta=1$	
A	素因数分解
3	3
15	$3*5$
255	$3*5*17$
65535	$3*5*17*257$
$\delta=3$	
5	5
9	3^2
21	$3*7$
45	3^2*5
285	$3*5*19$
765	3^2*5*17
27645	$3*5*19*97$
$\delta=5$	
7	7
75	$3*5^2$
1275	$3*5^2*17$
$\delta=7$	
33	$3*11$
345	$3*5*23$
67065	$3*5*17*263$

$\delta=a-\varphi(a)-1=1$ とすると $a=4,\ A=3,15,255,\cdots$.

i．　$a=4,\ A=15$ なら $A=\varphi(a)-m+2=4-m=15$ により $m=-11$. ここで $m=-11$ のオイラー型メルセンヌ完全数では $A=15$ がパートナーである.

ii．　$a=4,\ A=255$ なら $A=\varphi(a)-m+2=4-m=255$ により $m=-251$.

ここでスーパーメルセンヌ完全数 $P=2,\ m=-251$ を求めた結果は

表 7：スーパーメルセンヌ完全数 $P = 2,\ m = -251$

a	素因数分解	A	素因数分解
4	2^2	255	$3 * 5 * 17$
228	$2^2 * 3 * 19$	325	$5^2 * 13$
540	$2^2 * 3^3 * 5$	397	397
588	$2^2 * 3 * 7^2$	421	421
1372	$2^2 * 7^3$	841	29^2

スーパーオイラー完全数と拡大スーパー完全数

レオンハルト・オイラー（Leonhard Euler, 1707-1783）

1. ユークリッド型オイラー完全数

1. 素数 P を底とする平行移動 m の スーパーオイラー完全数

素数 P を底とするとき $\overline{P}=P-1$ とおけば $\varphi(P^e)=\overline{P}P^{e-1}$ が成り立つので, $a=P^e$ とすると $P\varphi(a)=\overline{P}a$.

そこで $q=P\varphi(a)+m+1=\overline{P}P^e+m+1=\overline{P}a+m+1$ を素数と仮定する.

使うべき式は $\varphi(q)=q-1$ である.

$A=P\varphi(a)+m+1$ とおく. $\varphi(A)=q-1$ となるので $q-1=\overline{P}a+m$.

よって, $\varphi(A)=\overline{P}a+m$.

さて, $a=P^e$ を忘れて

定義 1　$A=P\varphi(a)+m+1$ と $\varphi(A)=\overline{P}a+m$ を満たすとき a を素数 P を底とする平行移動 m のスーパーオイラー完全数と言う.

A をスーパーオイラー完全数 a のパートナという. さらに, $B=\varphi(A)+1$ をスーパーオイラー完全数 a のシャドウという.

補題 1　平行移動 m，素数 P を底とするスーパーオイラー完全数において a が P べきならパートナ A は素数.

Proof.

$a=P^e$ とおく．$\overline{P}a=P\varphi(a)$ に注意する.

$\varphi(A)=\overline{P}a+m=P\varphi(a)+m=A-1$．よって A は素数　*End*

補題 2　平行移動 m，素数 P を底とするスーパーオイラー完全数において a が P の倍数なら a が P べき．その結果パートナ A は素数.

Proof.

$a=P^eL,\ (P\nmid L)$ とする.

$A=P\varphi(a)+m+1=\overline{P}P^e\varphi(L)+m+1.$

$\varphi(A)=\overline{P}a+m\leqq A-1=\overline{P}P^e\varphi(L)+m.$

よって,

$$\overline{P}P^eL+m=\overline{P}a+m\leqq\overline{P}P^e\varphi(L)+m.$$

これより $\overline{P}P^{e-1}L\leqq\overline{P}P^{e-1}\varphi(L)$ が出て $L\leqq\varphi(L)$.

したがって，$L=1$．よって $a=P^e$.　*End*

とくに，$P=2$ なら次の重大な結果を得る.

命題 1　平行移動 m，素数 $P=2$ を底とするスーパーオイラー完全数において m が偶数 $2k$ なら $a=2^e$．その結果パートナ A は素数.

Proof.

$\varphi(A)=a+2k=\varphi(a)+2k$ より $A\geqq 3$ なら $\varphi(A)$ は偶数. $a=\varphi(A)-2k$ より a は偶数なので $a=2^e$. その結果パートナ A は素数.

$A=1,2$ のとき, $1=\varphi(A)=\overline{P}a+2k=a+2k$. 右辺は偶数なので矛盾.

End

2. 底が 3 の場合

表 1: $P=3$, $m=-2,0,4$ のときのスーパーオイラー完全数

a	素因数分解	A	素因数分解	B	素因数分解
$m=-2$					
13	13	35	$5*7$	25	5^2
27	3^3	53	53	53	53
221	$13*17$	575	5^2*23	441	3^2*7^2
265	$5*53$	623	$7*89$	529	23^2
301	$7*43$	755	$5*151$	601	601
433	433	1295	$5*7*37$	865	$5*173$
581	$7*83$	1475	5^2*59	1161	3^3*43
1813	7^2*37	4535	$5*907$	3625	5^3*29
2187	3^7	4373	4373	4373	4373
$m=0$					
55	$5*11$	121	11^2	111	$3*37$
81	3^4	163	163	163	163
243	3^5	487	487	487	487
729	3^6	1459	1459	1459	1459
2485	$5*7*71$	5041	71^2	4971	$3*1657$
$m=4$					
27	3^3	59	59	59	59
81	3^4	167	167	167	167
243	3^5	491	491	491	491

a が 3 のべき, すなわち $a=3^e$ になる必要十分条件は $A=B$.

このとき $A=B$ は素数.

上の表は命題1, 2の結果を目で見せるものと言えよう.

3. 底が P の場合

平行移動 m, 素数 P を底とするスーパーオイラー完全数の決定を行うことが次なる課題である.

$A=P\varphi(a)+m+1$ と $\varphi(A)=\overline{P}a+m$ を満たすとき a を求めればよいが $P=2$ のとき m: 奇数を仮定したことに範をとると, $m=Pk-1$ として考えるのが良い.

$m=Pk-1$ として, $A=P\varphi(a)+m+1=P(\varphi(a)+k)$.

$t=\varphi(a)+k$ とおきこれを素因数分解して整理し

$t=P^{\varepsilon}Q, (P\nmid Q)$ とおく.

$A=P^{\varepsilon+1}Q$ により $\varphi(A)=\varphi(P^{\varepsilon+1}Q)=\overline{P}P^{\varepsilon}\varphi(Q)$ なので

$\varphi(A)=\overline{P}a+Pk-1=\overline{P}P^{\varepsilon}\varphi(Q)$ により

$$\overline{P}P^{\varepsilon}\varphi(Q)=\overline{P}a+Pk-1.$$

一方 $t=\varphi(a)+k=P^{\varepsilon}Q$ に $\overline{P}$ を乗じて $\overline{P}P^{\varepsilon}Q=\overline{P}\varphi(a)+\overline{P}k$.

これを2つ上の式から引くと

$$\overline{P}P^{\varepsilon}Q-\overline{P}P^{\varepsilon}\varphi(Q)=\overline{P}\varphi(a)+\overline{P}k-\overline{P}a+Pk-1.$$

$\mathrm{co}\,\varphi(Q)=Q-\varphi(Q)$ を用いると

$$\overline{P}P^{\varepsilon}\mathrm{co}\,\varphi(Q)=-\overline{P}\,\mathrm{co}\,\varphi(a)-\overline{P}k+Pk-1.$$

かくして

$$1-k=\overline{P}\,\mathrm{co}\,\varphi(a)+\overline{P}P^{\varepsilon}\mathrm{co}\,\varphi(Q).$$

i. $Q=1$ のとき, $\mathrm{co}\,\varphi(Q)=0$. さらに, $1-k=\overline{P}\,\mathrm{co}\,\varphi(a)$.

ii. $Q>1$ のとき $\mathrm{co}\,\varphi(Q)\geqq 1$.

そこで $\mathrm{co}\,\varphi(Q)=1$ とすると，Q は素数.

さらに $\mathrm{co}\,\varphi(a)=1$ とすると，a は素数なので，$p=a,\ q=Q$ と改めておくと，

$$1-k=\overline{P}\,\mathrm{co}\,\varphi(a)+\overline{P}P^{\varepsilon}\,\mathrm{co}\,\varphi(Q)=\overline{P}+\overline{P}P^{\varepsilon}$$

$\varphi(a)+k=P^{\varepsilon}Q$ を変形して $p-1+k=P^{\varepsilon}q$ なので，$p=P^{\varepsilon}q+1-k$. すなわち，$(q, p=P^{\varepsilon}q+1-k)$ はスーパー双子素数.

例　$P=3$ なら $m=3k-1$, $1-k=2+2*3^{\varepsilon}$, $p=3^{\varepsilon}q+1-k$.

i．$\varepsilon=0$ なら $-k=1+2*3^{\varepsilon}=3$, $p=q+1-k=q+4$. (p, q) は従兄弟(いとこ)素数

ii．$\varepsilon=1$ なら

$-k=1+2*3^{\varepsilon}=7$, $m=3k-1=-22$, $p=3q+1-k=3q+8$.

$(q, p=3q+8)$ はスーパー双子素数.

iii．$\varepsilon=2$ なら

$-k=1+2*3^{\varepsilon}=19$, $m=3k-1=-58$, $p=9*q+20$.

$(q, p=9q+20)$ はスーパー双子素数.

4．$P=3,\ m=22,\ -10$ の場合

次の解の表をみてみよう．多くの素数が並ぶ．これは研究価値のある事実である.

表 2：$P=3,\ m=-22,\ -10$　スーパーオイラー完全数

$m=-22$					
a	素因数分解	A	素因数分解	B	素因数分解
23	23	45	3^2*5	25	5^2
29	29	63	3^2*7	37	37
41	41	99	3^2*11	61	61
47	47	117	3^2*13	73	73
59	59	153	3^2*17	97	97
101	101	279	3^2*31	181	181
131	131	369	3^2*41	241	241
137	137	387	3^2*43	253	$11*23$
$m=-10$					
a	素因数分解	A	素因数分解	B	素因数分解
11	11	21	$3*7$	13	13
17	17	39	$3*13$	25	5^2
23	23	57	$3*19$	37	37
41	41	111	$3*37$	73	73
47	47	129	$3*43$	85	$5*17$
71	71	201	$3*67$	133	$7*19$
83	83	237	$3*79$	157	157
101	101	291	$3*97$	193	193
107	107	309	$3*103$	205	$5*41$

5. $P=3,\ m=-22$ のときのスーパーオイラー完全数

前にあげた表を検討する.

$P=3,\ m=-22$ を $A=P\varphi(a)+m+1$ と $\varphi(A)=\overline{P}a+m$ に代入する.

$A=P\varphi(a)+m+1=3\varphi(a)-21=3(\varphi(a)-7)$,

$\varphi(A)=\overline{P}a+m=2a-22=2(a-11)$.

$a=p$ ：素数，と仮定する.

$A=3(\varphi(p)-7)=3(p-8)$, $Q=p-8$ とおけば $A=3Q$. Q を素因数分解してその 3 の指数を $\eta \geqq 0$ とし $Q=3^{\eta}R$ とすると

$(3, R)$ は互いに素． $A = 3Q = 3^{\eta+1}R$ となり，

$$\varphi(A) = 2*3^{\eta}\varphi(R),$$
$$\overline{P}a + m = 2(a-11) = 2(p-8-3) = 2Q-6 = 2*3^{\eta}R-6.$$

これより

$$2*3^{\eta}\varphi(R) = 2*3^{\eta}R-6.$$

$3^{\eta-1}\varphi(R) = 3^{\eta-1}R-1$ を得るので， $\eta = 1$, $R-\varphi(R) = 1$． よって，R は素数で， $A = 9R$, $p-8 = Q = 3R$． $(R, p = 3R+8)$ はスーパー双子素数.

逆に $(R, p = 3R+8)$ がスーパー双子素数なら $a = p$ は $P = 3$, $m = -22$ のスーパーオイラー完全数.

命題 2　$P = 3$, $m = -22$ に対して $(R, p = 3R+8)$ がスーパー双子素数なら $a = p$ は $P = 3$, $m = -22$ のスーパーオイラー完全数である.

証明は容易にできた．しかし一般に素数以外の解がないことを示したい．しかしこれは奇数完全数の非存在問題と同種の問題であって，最高難度の問題である．私はこれらには，奇数完全数の呪いを感じる.

6．$P = 3$, $m = -10$ のスーパーオイラー完全数

$P = 3$, $m = -10$ を $A = P\varphi(a)+m+1$ と $\varphi(A) = \overline{P}a+m$ に代入する.

$$A = P\varphi(a)+m+1 = 3\varphi(a)-9 = 3(\varphi(a)-3),$$
$$\varphi(A) = \overline{P}a+m = 2a-10 = 2(a-5).$$

$a=p$ ：素数，と仮定する．

$A=3(\varphi(p)-3)=3(p-4)$, $Q=p-4$ とおけば $A=3Q$. Q を素因数分解してその3の指数を $\eta\geqq 0$ とし $Q=3^{\eta}R$ とすると $(3,R)$ は互いに素．$A=3Q=3^{\eta+1}R$ となり，

$$\varphi(A)=2*3^{\eta}\varphi(R),$$
$$\overline{P}a+m=2(a-5)=2(p-4-1)=2Q-2=2*3^{\eta}R-2.$$

これより

$$2*3^{\eta}\varphi(R)=2*3^{\eta}R-2.$$

$3^{\eta}\varphi(R)=3^{\eta}R-1$ を得るので，$\eta=0$, $R-\varphi(R)=1$. よって，R は素数で，$A=3R$,

$p-4=Q=R$. $(R, p=R+4)$ はスーパー双子素数，とくに従兄弟素数(cousin primes)という．

7. 拡大スーパーオイラー完全数

スーパーオイラー完全数の連立定義式

$$A=P\varphi(a)+m+1 \text{ と } \varphi(A)=\overline{P}a+m$$

において P は当然素数である．

非素数の場合でもこれを底と考えることを試みたい．この思いは私の心の中で消えないでいた．そしてついにうまく登る道を発見した．2018年11月のことである．

素数 P に対して $\overline{P}$ を使う公式において，$\overline{P}$ の代わりに $\varphi(P)$ をとることにして，素数 P を自然数 P に使ってみる．

定義 2　$A = P\varphi(a) + m + 1$ と $\varphi(A) = \varphi(P)a + m$ を満たすとき a を平行移動 m，底が自然数 P のときの拡大スーパーオイラー完全数と言う.

この定義式において A を a のパートナー $B = \varphi(A) + 1$ をシャドウということは変えない.

定義 3　$W = aB$ を平行移動 m，底が P のときのユークリッド型オイラー完全数という．とくに，B が素数のとき，$W = aB$ を底が P のときのユークリッド型真正オイラー完全数という.

このような定義に十分な意義があるかどうか悩むところであるが予想外にうまい例ができた.

8. 底が 6 の場合

自然数 $P = 6$ の場合，拡大スーパーオイラー完全数の定義式は

$$A = 6\varphi(a) + m + 1,\ \varphi(A) = 2a + m.$$

補題 3　$P = 6$ の場合，$a = 2^e * 3^f$, $(e > 0,\ f > 0)$ ならパートナ A は素数.

Proof.

$a = 2^e * 3^f$ に対して，$6\varphi(a) = 2 * 2^e * 3^f = 2a$ なので，

$A=6\varphi(a)+m+1=2a+m+1=\varphi(A)+1$. A は素数. *End*

この逆も成り立つ.

補題 4 $P=6$ の場合, パートナ A が素数なら $a=2^e*3^f$, $(e>0, f>0)$ となる.

Proof.

パートナ A が素数なら $\varphi(A)=A-1=6\varphi(a)+m+1-1$.

一方, $\varphi(A)=2a+m$ により $6\varphi(a)=2a$. ゆえに $3\varphi(a)=a$.

a は 3 の倍数なので $a=3^e Q$, $e>0$, $(3,Q)$: 互いに素.

$3\varphi(a)=3\varphi(3^e Q)=3\varphi(3^e)\varphi(Q)=2*3^e\varphi(Q)$

$3\varphi(a)=a$ によって, $3^e Q=2*3^e\varphi(Q)$. ゆえに $Q=2\varphi(Q)$. すると, $Q=2^f$, $f>0$. かくして $a=2^e*3^f$. *End*

9．数値例

a	素因数分解	A	素因数分解	B	素因数分解	$W=a*B$	素因数分解
$m=-2$							
6	$2*3$	11	11	11	11	66	$2*3*11$
12	2^2*3	23	23	23	23	276	2^2*3*23
24	2^3*3	47	47	47	47	1128	2^3*3*47
36	2^2*3^2	71	71	71	71	2556	2^2*3^2*71
54	$2*3^3$	107	107	107	107	5778	$2*3^3*107$
96	2^5*3	191	191	191	191	18336	$2^5*3*191$
192	2^6*3	383	383	383	383	73536	$2^6*3*383$
216	2^3*3^3	431	431	431	431	93096	2^3*3^3*431
324	2^2*3^4	647	647	647	647	209628	2^2*3^4*647
432	2^4*3^3	863	863	863	863	372816	2^4*3^3*863
486	$2*3^5$	971	971	971	971	471906	$2*3^5*971$
576	2^6*3^2	1151	1151	1151	1151	662976	2^6*3^2*1151
1296	2^4*3^4	2591	2591	2591	2591	3357936	2^4*3^4*2591
$m=0$							
6	$2*3$	13	13	13	13	78	$2*3*13$
10	$2*5$	25	5^2	21	$3*7$	250	$2*5^3$
18	$2*3^2$	37	37	37	37	666	$2*3^2*37$
36	2^2*3^2	73	73	73	73	2628	2^2*3^2*73
48	2^4*3	97	97	97	97	4656	2^4*3*97
54	$2*3^3$	109	109	109	109	5886	$2*3^3*109$
56	2^3*7	145	$5*29$	113	113	6328	$2^3*7*113$
96	2^5*3	193	193	193	193	18528	$2^5*3*193$
216	2^3*3^3	433	433	433	433	93528	2^3*3^3*433
288	2^5*3^2	577	577	577	577	166176	2^5*3^2*577
384	2^7*3	769	769	769	769	295296	$2^7*3*769$
576	2^6*3^2	1153	1153	1153	1153	664128	2^6*3^2*1153
648	2^3*3^4	1297	1297	1297	1297	840456	2^3*3^4*1297

10．底が6のユークリッド型真正オイラー完全数

とくに簡単な $P=6$, $m=0$ の場合に，ユークリッド型真正オイラー完全数 W を列挙しよう．

〈1〉 $a=6$, $A=13$, $W=78=2*3*13$

〈2〉 $a=18$, $W=666=2*3^2*37$

〈3〉 $a=36$, $A=73$, $W=2628=2^2*3^2*73$

〈4〉 $a=48$, $A=97$, $W=4656=2^4*3*97$

〈5〉 $a=54$, $A=109$, $W=5886$, $2*3^3*109$

ここで，完全数 6 がでてさらに，2 番目にヨハネ黙示録にある獣の数 666 が出てきたのが実に面白い.

2. B 型解の探求

1. 完全数

$a=6p$（$p \geqq 5$：素数）に対してその $\sigma(a)$ を求める．$\sigma(6)=12$ に注意すると，$a=6p$ より，

$$\sigma(a)=\sigma(6)\sigma(p)=12(p+1)=12p+12=2a+12.$$

したがって，$\sigma(a)=2a+12$ を方程式とみなしてこの解を求めると，

表 1：$P=2$, $m=-12$ のとき完全数

a	素因数分解	a	素因数分解
24	2^3*3	222	$2*3*37$
30	$2*3*5$	246	$2*3*41$
42	$2*3*7$	258	$2*3*43$
54	$2*3^3$	282	$2*3*47$
66	$2*3*11$	304	2^4*19
78	$2*3*13$	318	$2*3*53$
102	$2*3*17$	354	$2*3*59$
114	$2*3*19$	366	$2*3*61$
138	$2*3*23$	402	$2*3*67$
174	$2*3*29$	426	$2*3*71$
186	$2*3*31$	438	$2*3*73$

$\sigma(a)=2a+12$ の解は $24=2^3*3$, $54=2*3^3$, $304=2^4*19$ という例外はあるものの $a=6p$（p：素数)の形をしている．

これは，6が完全数であることの結果である．このように定数 c があり無数の素数 p によって $a=cp$ と書ける解をB型解という．

一般に，μ を完全数とすると，$\sigma(a)=2a+2\mu$ を方程式とみなしてこの解を求めると，$a=\mu p$ と書けるB型解が登場する．実はB型解でない解もあるがこれらを全部求めることは至難の問題と考えられる．

2. 底が3の場合

$P=3$, $m=-22$ の場合スーパーオイラー完全数を求めてみた．

表2：$P=3$, $m=-22$ スーパーオイラー完全数

$m=-22$					
a	素因数分解	A	素因数分解	$B=\varphi(A)+1$	素因数分解
23	23	45	3^2*5	25	5^2
29	29	63	3^2*7	37	37
41	41	99	3^2*11	61	61
47	47	117	3^2*13	73	73
59	59	153	3^2*17	97	97
101	101	279	3^2*31	181	181
131	131	369	3^2*41	241	241
137	137	387	3^2*43	253	$11*23$

ここで用語を説明する．

素数 P を底とする．

$A=P\varphi(a)+m+1$ と $\varphi(A)=\overline{P}a+m$ を満たすとき a を素数 P を底とする平行移動 m のスーパーオイラー完全数と言う．A をスーパーオイラー完全数 a のパートナという．

この表を観察すると $P=3,\ m=-22$ のスーパーオイラー完全数 a に多数の素数解(B 型解)があることがわかる.

この素数のパートナ A には $A=3^2*q$ となる素数 q があり, $p=3q+8$ を満たす.

ここで, p,q はともに素数なので, $(q,p=3q+8)$ をスーパー双子素数という.

見方を変えると $m=-22$ は B 型解を産み出すという意味である種の完全数と見ることもできる.

B 型のスーパーオイラー完全数を探す.

表 3: $P=3,\ m=-166$ スーパーオイラー完全数

a	素因数分解	A	素因数分解	$B=\varphi(A)+1$	素因数分解
191	191	405	3^4*5	217	$7*31$
353	353	891	3^4*11	541	541
569	569	1539	3^4*19	973	$7*139$
677	677	1863	3^4*23	1189	$29*41$
839	839	2349	3^4*29	1513	$17*89$

$P=3,\ m=-166$ のとき B 型解 p が出てきた. 少し計算する.

$A=P\varphi(a)+m+1=3(p-56),\ \varphi(A)=\overline{P}a+m=2p-166$ になる.

表によれば $A=3^4q$ (q :素数) と書けるので, $p-56=27q$ となるようだ.

$p=27q+56$ と書き直せば (p,q) はスーパー双子素数.

逆に, $(p=27q+56,\ q)$ をスーパー双子素数とする. $a=p$ が B 型解となることを検証しよう.

$A=P\varphi(a)+m+1=3(p-56)=3^4q$ であり,

$\varphi(A)=2*3^3(q-1)=54(q-1)$

かつ

$$\overline{P}a+m=2p-166=2(p-83)$$
$$=2(p-56-27)=2(27q-27)=54(q-1).$$

よって，$\overline{P}a+m=54(q-1)=\varphi(A)$ が示された．

表4：$P=3,\ m=-36$ スーパーオイラー完全数

$m=-36$					
a	素因数分解	A	素因数分解	$B=\varphi(A)+1$	素因数分解
11	11	15	$3*5$	9	3^2
19	19	55	$5*11$	41	41
31	31	115	$5*23$	89	89
37	37	145	$5*29$	113	113
61	61	265	$5*53$	209	$11*19$
67	67	295	$5*59$	233	233
79	79	355	$5*71$	281	281
97	97	445	$5*89$	353	353

これについての解の確認は読者に委ねる．

表5：$P=3,\ m=-116$ スーパーオイラー完全数

$m=-116$					
a	素因数分解	A	素因数分解	$B=\varphi(A)+1$	素因数分解
59	59	175	5^2*7	121	11^2
79	79	275	5^2*11	201	$3*67$
89	89	325	5^2*13	241	241
109	109	425	5^2*17	321	$3*107$
139	139	575	5^2*23	441	3^2*7^2
179	179	775	5^2*31	601	601
229	229	1025	5^2*41	801	3^2*89
239	239	1075	5^2*43	841	29^2

表を見るだけでは飽きるかもしれないので，理論を少し考えてみよう．

$P=5$, $m=-116$ を $A=P\varphi(a)+m+1$ と $\varphi(A)=\overline{P}a+m$ に代入する.

$A=P\varphi(a)+m+1=5\varphi(a)-115$, $\varphi(A)=\overline{P}a+m=4a-116$.

$a=p$ ：素数と仮定する.

$A=5(p-24)$ になるので $Q=p-24$ とおくと $A=5Q$.

1. $Q=5R$ (R: 素数) と仮定すると $\varphi(A)=4*5*(R-1)$.

一方

$$\begin{aligned}\overline{P}a+m &= 4p-116=4(p-29)\\ &= 4(p-24-5)=4(Q-5)\\ &= 4*5(R-1).\end{aligned}$$

しかし $\varphi(A)=4*5*(R-1)=\overline{P}a+m$.

それゆえ $a=p$ は $P=5$, $m=-116$ のスーパーオイラー完全数になる.

ここで $p=5R+24$ なので (R, p) はスーパー双子素数.

2. 前の場合の仮定をはずして考える.

Q を素因数分解して 5 の指数を η として, $Q=5^{\eta}R$, $(5\nmid R)$ とおく.

$A=5Q=5^{\eta+1}R$ になるので,

$\varphi(A)=4*5^{\eta}\eta(R)$, $\overline{P}a+m=4p-116=4(p-29)$.

定義式から $4*5^{\eta}\varphi(R)=4(p-29)$. よって, $5^{\eta}\varphi(R)=p-29$.

Q の定義によって $5^{\eta}R=Q=p-24$. 上の式と左辺の式を引いて

$$-5^{\eta}(\mathrm{co}\,\varphi(R))=-5.$$

よって, $5^{\eta}(\mathrm{co}\,\varphi(R))=5$.

1. $\mathrm{co}\,\varphi(R)=5$ のとき，$R=25$．これは5と R が互いに素に反する．

2. $\mathrm{co}\,\varphi(R)=1$ のとき，$\eta=1$．R は素数で，$Q=5R$．これは上の場合になった．

さらに $P=7$ の場合を探した結果，簡単な場合が見つかった．

表6：$P=7$ スーパーオイラー完全数

$m=-78$							
a	素因数分解	A	素因数分解	$B=\varphi(A)+1$	素因数分解	$Y=aB$	素因数分解
17	17	35	$5*7$	25	5^2	425	5^2*17
23	23	77	$7*11$	61	61	1403	$23*61$
29	29	119	$7*17$	97	97	2813	$29*97$
31	31	133	$7*19$	109	109	3379	$31*109$
41	41	203	$7*29$	169	13^2	6929	13^2*41
43	43	217	$7*31$	181	181	7783	$43*181$
53	53	287	$7*41$	241	241	12773	$53*241$
59	59	329	$7*47$	277	277	16343	$59*277$

ここで $Y=aB$ はユークリッド型の完全数というべきものである．

3. $a=p,\ A=\alpha q$ のとき

そこでこれらの例を説明する理論を考えてみよう．

素数 P を底とする平行移動 m のスーパーオイラー完全数において $a=p$（p：素数），$A=\alpha q$（q：素数，$q\nmid\alpha$）とする．

ここで $q\nmid\alpha$ は q は α の約数にはならないことを意味する．

定義式 $A=P\varphi(a)+m+1$ と $\varphi(A)=\overline{P}a+m$ に $a=p,\ A=\alpha q$ を代入すると，

$$A=P\varphi(\alpha)+m+1=P(p-1)+m+1=\alpha q,$$
$$\varphi(A)=\varphi(\alpha)(q-1)=\overline{P}p+m.$$

これより，　$m=\alpha q-P(p-1)-1,\ m=-\overline{P}p+\varphi(\alpha)(q-1).$

m で両辺をそろえて

$$\alpha q-P(p-1)-1=-\overline{P}p+\varphi(\alpha)(q-1).$$

整理して

$$\alpha q=-P+1+p+\varphi(\alpha)q-\varphi(\alpha).$$

$\mathrm{co}\,\varphi(\alpha)=\alpha-\mathrm{co}\,\varphi(\alpha)$ を用いて

$$0=-P+1+p+\mathrm{co}\,\varphi(\alpha)q-\varphi(\alpha).$$

ここで，$\alpha=P^j$ とさらに特化する.

公式 $\mathrm{co}\,\varphi(P^j)=P^{j-1}$ によれば $\varphi(\alpha)=\overline{P}P^{j-1}$ により

$$0=-P+1+p-P^{j-1}q-\overline{P}P^{j-1}.$$

$$P^{j-1}q=-P+1+p-\overline{P}P^{j-1}=-\overline{P}+p-\overline{P}P^{j-1}.$$

ゆえに，

$$p=P^{j-1}q+\overline{P}+\overline{P}P^{j-1}.$$

とくに (p,q) はスーパー双子素数.

一方 $m=\alpha q-P(p-1)-1$ により

$$\begin{aligned}m&=\alpha q-P(p-1)-1\\&=P^jq-P(p-1)-1\\&=PP^{j-1}q-P(p-1)-1\\&=P(P^{j-1}q-p)+P-1.\end{aligned}$$

$p=P^{j-1}q+\overline{P}+\overline{P}P^{j-1}$ を代入し

$$\begin{aligned}
m &= P(P^{j-1}q-p)+P-1 \\
&= P(-\overline{P}-\overline{P}P^{j-1})+\overline{P} \\
&= P\overline{P}(-1-P^{j-1})+\overline{P} \\
&= \overline{P}P(-1-P^{j-1})+\overline{P} \\
&= \overline{P}(-P-P^{j})+\overline{P} \\
&= \overline{P}(1-P-P^{j}) \\
&= \overline{P}(-\overline{P}-P^{j}).
\end{aligned}$$

よって，

$$m=-\overline{P}^{2}-\overline{P}P^{j}.$$

m は P のみで表された．

計算例

$P=3$ なら $m=-4-2*3^j$, $p=3^{j-1}q+2+2*3^{j-1}$.

- $j=1$ のとき，　$m=-10$, $p=q+2+2=q+4$,
- $j=2$ のとき，　$m=-22$, $p=3q+2+2*3=3q+8$,
- $j=3$ のとき，　$m=-58$, $p=3^2*q+2+2*3^2=3^2*q+20$,
- $j=4$ のとき，　$m=-166$, $p=3^3*q+2+2*3^3=3^3q+56$.

$P=5$ なら $m=-16-4*5^j$, $p=5^{j-1}q+4+4*5^{j-1}$.

- $j=1$ のとき，　$m=-36$, $p=5^{j-1}q+4+4*5^{j-1}=q+8$,
- $j=2$ のとき，　$m=-116$, $p=5^{j-1}q+4+4*5^{j-1}=5q+24$,
- $j=3$ のとき，　$m=-516$, $p=5^{j-1}q+4+4*5^{j-1}=5^2*q+104$.

$P=7$ なら $m=-36-6*7^j$, $p=7^{j-1}q+36+6*7^{j-1}$.

- $j=1$ のとき，　$m=-78$, $p=7^{j-1}q+36+6*7^{j-1}=q+42$,
- $j=2$ のとき，　$m=-330$, $p=7^{j-1}q+36+6*7^{j-1}=5q+24$,
- $j=3$ のとき，　$m=-2094$, $p=7^{j-1}q+36+6*7^{j-1}=7^2*q+330$.

4. 逆問題

$m=-\overline{P}^2-\overline{P}P^j$ のとき，素数 p が解であるとする．

$$\begin{aligned}P\varphi(a)+m+1&=P(p-1)+1-\overline{P}^2-\overline{P}P^j\\&=P(p-1)+2P-P^2-\overline{P}P^j\\&=P(p+1-P-\overline{P}P^{j-1})\end{aligned}$$

によって

$$A=P\varphi(a)+m+1=P(p+1-P-\overline{P}P^{j-1}).$$

$Q=p+1-P-\overline{P}P^{j-1}$ とおくと $A=PQ$.

そこで， $Q=P^{\eta}R,\ (P\nmid R)$ とおけば $A=P^{\eta+1}R$．よって，

$\varphi(A)=\overline{P}P^{\eta}\varphi(R)$．仮定より $\varphi(A)=\overline{P}p+m=\overline{P}p-\overline{P}^2-\overline{P}P^j$．

ゆえに，

$$\overline{P}P^{\eta}\varphi(R)=\overline{P}p-\overline{P}^2-\overline{P}P^j.$$

$$P^{\eta}\varphi(R)=p-\overline{P}-P^j.$$

$Q=p+1-P-\overline{P}P^{j-1}=P^{\eta}R,\ (P\nmid R)$ なので

$P^{\eta}\varphi(R)=p-\overline{P}-P^j$ を用いて

$$\begin{aligned}P^{\eta}\mathrm{co}\,\varphi(R)&=P^{\eta}R-P^{\eta}\varphi(R)\\&=p+1-P-\overline{P}P^{j-1}-(p-\overline{P}-P^j)\\&=p+1-P-(P-1)P^{j-1}-(p-\overline{P}-P^j)\\&=P^{j-1}\end{aligned}$$

よって，

$$P^{\eta}\mathrm{co}\,\varphi(R)=P^{j-1}.$$

$P^{\eta}\mathrm{co}\,\varphi(R)=P^{j-1}\geqq P^{\eta}$ により， $j-1\geqq\eta$．ここで，

$j-1=\eta$ ならば $\mathrm{co}\,\varphi(R)=1$ より R 素数 q と書いてよい．

このとき， $A=P^{\eta+1}q=P^jq$.

$j-1>\eta$ ならば個別に検証する必要がある．しかしそれは後の研究に委ねる．

4.1 例

$P=5$, $j=3$ とおくとき，

$m=-\overline{P}^{2}-\overline{P}P^{j}=-16-4*5^{3}=-516.$

$Q=p+1-P-\overline{P}P^{j-1}=P^{\eta}R=p-4-4*25=p-104=3^{\eta}R.$

一方，　$P^{\eta}\mathrm{co}\,\varphi(R)=5^{\eta}\mathrm{co}\,\varphi(R)=5^{j-1}=25.$ $\mathrm{co}\,\varphi(R)\leqq 25$ でかつ $\mathrm{co}\,\varphi(R)$ が5の倍数でないなら，

1. $\mathrm{co}\,\varphi(R)=1$, $R=q$ は素数，又は，

2. $\mathrm{co}\,\varphi(R)=25$, $R=3*23=69.$

   $P^{\eta}\varphi(R)=44=p-\overline{P}-P^{j}=p-4-125=p-129$

   それゆえ $p=173.$

   $P^{j-1}=P^{\eta}\mathrm{co}\,\varphi(R)=P^{\eta}\mathrm{co}\,\varphi(69)=25,\ \eta=0.$

表7：$P=5$ スーパーオイラー完全数

$m=-516$					
a	素因数分解	A	素因数分解	B	素因数分解
173	173	345	$3*5*23$	177	$3*59$
179	179	375	5^3*3	201	$3*67$
379	379	1375	5^3*11	1001	$7*11*13$
829	829	3625	5^3*29	2801	2801
1129	1129	5125	5^3*41	4001	4001
1279	1279	5875	5^3*47	4601	$43*107$
1429	1429	6625	5^3*53	5201	$7*743$
1579	1579	7375	5^3*59	5801	5801
$m=-514$					
133	$7*19$	27	3^3	19	19
625	5^4	1987	1987	1987	1987
3125	5^5	11987	11987	11987	11987
15625	5^6	61987	61987	61987	61987

$P=5$, $m=-516$ を $A=P\varphi(a)+m+1$ と $\varphi(A)=\overline{P}a+m$ に代入する．

$A=P\varphi(a)+m+1=5\varphi(a)-515,\ \varphi(A)=\overline{P}a+m=4a-516.$

$a=p$ ：素数，と仮定する．

$A=P\varphi(a)+m+1=5(p-104)$，$Q=p-104$ とおくと $A=5Q.$

$Q=5^{\eta}R,\ (5\nmid R)$ ：素数と仮定すると $\varphi(A)=4*5^{\eta}\varphi(R).$

一 方　$\overline{P}a+m=4p-516=4(p-129)=4(p-104-25)=4(Q-25)$

$=4*5^{\eta}R-100.$

$\varphi(A)=4*5*(R-1)=\overline{P}a+m.$　$a=p$ は $P=5,\ m=-116$ のスーパーオイラー完全数.

$5R=p-24,\ (R,\ p)$ はスーパー双子素数.

3. $P=6$ のスーパーオイラー完全数

1. 拡大スーパーオイラー完全数

定義 1　$A=P\varphi(a)+m+1$ と $\varphi(A)=\varphi(P)a+m$ を満たすとき a を平行移動 m，底が自然数 P のときの拡大スーパーオイラー完全数と言う．

この定義式において A を a のパートナー，$B=\varphi(A)+1$ をシャドウという．

定義2　$W=aB$ を平行移動 m，底が P のときのユークリッド型オイラー完全数という．とくに，A が素数のとき，$W=aB$ を底が P のときのユークリッド型真正オイラー完全数という．

2．底が6の場合

自然数 $P=6$ の場合，拡大スーパーオイラー完全数の定義式は

$$A=6\varphi(a)+m+1,\ \varphi(A)=2a+m.$$

次の結果は容易に証明できる．

補題1　$P=6$ の場合，$a=2^e*3^f,\ (e>0,\ f>0)$ ならパートナ A は素数.

この逆も成り立つ.

補題2　$P=6$ の場合，パートナ A が素数なら $a=2^e*3^f,\ (e>0,\ f>0)$ となる.

3．数値例

表 1： $P=6$, $m=0$ の拡大スーパーオイラー完全数,（配列順は 2 の指数順）

a	素因数分解	A	素因数分解	$B=\varphi(A)+1$	素因数分解
6	$2*3$	13	13	13	13
18	$2*3^2$	37	37	37	37
54	$2*3^3$	109	109	109	109
1458	$2*3^6$	2917	2917	2917	2917
10	$2*5$	25	5^2	21	$3*7$
650	$2*5^2*13$	1441	$11*131$	1301	1301
36	2^2*3^2	73	73	73	73
8748	2^2*3^7	17497	17497	17497	17497
26244	2^2*3^8	52489	52489	52489	52489
216	2^3*3^3	433	433	433	433
648	2^3*3^4	1297	1297	1297	1297
1944	2^3*3^5	3889	3889	3889	3889
56	2^3*7	145	$5*29$	113	113
48	2^4*3	97	97	97	97
1296	2^4*3^4	2593	2593	2593	2593
96	2^5*3	193	193	193	193
288	2^5*3^2	577	577	577	577
5600	2^5*5^2*7	11521	$41*281$	11201	$23*487$
576	2^6*3^2	1153	1153	1153	1153
1728	2^6*3^3	3457	3457	3457	3457
5184	2^6*3^4	10369	10369	10369	10369
384	2^7*3	769	769	769	769
9216	$2^{10}*3^2$	18433	18433	18433	18433
6144	$2^{11}*3$	12289	12289	12289	12289

私の甘い期待は平行移動がない場合，すなわち $m=0$ なら $a=2^2 3^f$, $(e>0, f>0)$ となり，$6\varphi(a)=2*2^2 3^f=2a$ なので，$A=2a+1$ が素数の場合を調べれば良い，というものであった．しかし表を見ると，A が素数にならない例がありそれらの a は $10=2*5$, $650=2*5^2*13$, $56=2^3*7$ などである．

これらの例外的なものを調べることは案外困難なことかもしれない．しかし $a=56$ のときそのパートナーは $A=145=5*29$ となって私の誕生日5月29日が出た.

これに気を良くして解が面白そうなのを調べているうちに, $m=-4$ はとくに興味深いことがわかった.

表2： $P=6,\ m=-4$ の拡大スーパーオイラー完全数

a	素因数分解	A	素因数分解	$B=\varphi(A)+1$	素因数分解
8	2^3	21	$3*7$	13	13
32	2^5	93	$3*31$	61	61
128	2^7	381	$3*127$	253	$11*23$
8192	2^{13}	24573	$3*8191$	16381	16381

$P=6,\ m=-4$ の場合の定義方程式は, $A=P\varphi(a)+m+1=6\varphi(a)-3,\ \varphi(A)=2a-4$.

$Q=2\varphi(a)-1$ とおくとき $A=3Q$. $Q=7,\ 31,\ 127,\ 8191$ でこれらはメルセンヌ素数である.

$A=3Q,\ Q>3$ を素数と仮定すると, $\varphi(A)=2Q-2=2a-4$. よって, $Q=a-1$. $Q=2\varphi(a)-1=a-1$ により, $2\varphi(a)=a$.

a は偶数なので, $a=2^e$ と書けることが示される. $Q=a-1=2^e-1$ は素数であり, メルセンヌ素数である.

これにより次のささやかな結果ができた.

命題1　$A=6\varphi(a)-3,\ \varphi(A)=2a-4$ において, $A=3Q,\ Q>3$ を素数と仮定すると $a=2^e$ と書けて, $Q=a-1=2^e-1$ はメルセンヌ素数.

$A=3Q,\ Q>3$ を素数とするここでの仮定は強すぎる. $(Q,\ 3)$ は互いに素まで条件を弱くできればよいのだが.

$P=6,\ m=-16$ のときは解が $2p$ となりこれはB型解である.

表 3： $P=6,\ m=-16$ の拡大スーパーオイラー完全数

a	素因数分解	A	素因数分解	$B=\varphi(A)+1$	素因数分解
128	2^7	369	3^2*41	241	241
206	$2*103$	597	$3*199$	397	397
218	$2*109$	633	$3*211$	421	421
26	$2*13$	57	$3*19$	37	37
278	$2*139$	813	$3*271$	541	541
314	$2*157$	921	$3*307$	613	613
38	$2*19$	93	$3*31$	61	61
386	$2*193$	1137	$3*379$	757	757
446	$2*223$	1317	$3*439$	877	877
554	$2*277$	1641	$3*547$	1093	1093
614	$2*307$	1821	$3*607$	1213	1213
626	$2*313$	1857	$3*619$	1237	1237
698	$2*349$	2073	$3*691$	1381	1381
734	$2*367$	2181	$3*727$	1453	1453
74	$2*37$	201	$3*67$	133	$7*19$
746	$2*373$	2217	$3*739$	1477	$7*211$
86	$2*43$	237	$3*79$	157	157
134	$2*67$	381	$3*127$	253	$11*23$
14	$2*7$	21	$3*7$	13	13
146	$2*73$	417	$3*139$	277	277
158	$2*79$	453	$3*151$	301	$7*43$

$P=6,\ m=-16$ の場合の定義方程式は,

$A=6\varphi(a)-15,\ \varphi(A)=2a-16.$

計算結果を見ると, $a=2^e$ または $a=2p$（$p>2$ ：素数）となるので $a=2p$ と仮定する.

$A=6\varphi(a)-15=3(2\varphi(a)-5)=3(2p-7).$ $Q=2p-7$ とおけば $A=3Q.$

$Q=3^{\eta}R,\ (3\nmid R)$ と書いてみる.

すると $A=3^{\eta+1}R,\ \varphi(A)=2*3^{\eta}\varphi(R).$

$\varphi(A)=2a-16=4p-16=2(2p-7-1)=2(Q-1)=2*3^{\eta}R-2$

なので上の式を用いて $2*3^{\eta}\varphi(R)=2*3^{\eta}R-2$.

よって,

$$3^{\eta}\varphi(R)-3^{\eta}R=-1.$$

よって, $\eta=0$, $Q=R$ ：素数.

$Q=2p-7$ は素数であり, $(p,Q=2p-7)$ はスーパー双子素数.

逆に $(p,Q=2p-7)$ がスーパー双子素数なら $a=2p$ は $A=6\varphi(a)-15$, $\varphi(A)=2a-16$ の解になる.

$A=6\varphi(a)-15=6p-21=3(2p-7)$. $q=2p-7$ は素数と仮定する.

$\varphi(A)=\varphi(3q)=2(q-1)$, $2a-16=4p-16=2(2p-7-1)=2(q-1)$ により

$\varphi(A)=2a-16$.

したがって, $(p,q=2p-7)$ がスーパー双子素数なら $a=2p$ は平行移動 $m=6$, $P=6$ とする拡大スーパーオイラー完全数.

II. $a=2p$ との仮定を少し弱めてみよう.

$A=6\varphi(a)-15$, $\varphi(A)=2a-16$ を満たすとき,

$A=6\varphi(a)-15=3Q$,

$Q=2\varphi(a)-5$ と書けるとき, $3,Q$ は互いに素を仮定する.

$\varphi(A)=\varphi(3Q)=2\varphi(Q)$ は 4 の倍数.

$\varphi(A)=2a-16$ より a は偶数なので, $a=2^e h$, h ：奇数, と表す.

$2\varphi(a)=2^e\varphi(h)$, $Q=2\varphi(a)-5=2^e\varphi(h)-5$.

$A=3Q$ (Q ：奇数), なので,

$\varphi(A)=2\varphi(Q)\leqq 2(Q-1)=2(2^e\varphi(h)-6)$.

一方, $\varphi(A)=2a-16=2^{e+1}h-16$. ゆえに

$$\varphi(A)=2^{e+1}h-16\leqq 2(2^e\varphi(h)-6)=2^{e+1}\varphi(h)-12.$$

これより

$$2^{e+1} \leqq 2^{e+1} \mathrm{co}\,\varphi(h) \leqq 4.$$

よって，$e=1$．$a=2h$, $2\,\mathrm{co}\,\varphi(h) \leqq 2$, $\mathrm{co}\,\varphi(h)=1$ なので，$p=h$ ：素数

$\varphi(A)=2a-16=4p-16=2(2p-7-1)=2(Q-1)$．$\varphi(A)=2\varphi(Q)$ により，

$2\varphi(Q)=2(Q-1)$ が出てくるので，$q=Q$ は素数.

表 4：$P=6$, $m=-40$ の拡大スーパーオイラー完全数

a	素因数分解	A	素因数分解	$B=\varphi(A)+1$	素因数分解
68	2^2*17	153	3^2*17	97	97
236	2^2*59	657	3^2*73	433	433
284	2^2*71	801	3^2*89	529	23^2
356	2^2*89	1017	3^2*113	673	673
428	2^2*107	1233	3^2*137	817	$19*43$
596	2^2*149	1737	3^2*193	1153	1153
716	2^2*179	2097	3^2*233	1393	$7*199$
788	2^2*197	2313	3^2*257	1537	$29*53$
956	2^2*239	2817	3^2*313	1873	1873
1028	2^2*257	3033	3^2*337	2017	2017
1076	2^2*269	3177	3^2*353	2113	2113
1244	2^2*311	3681	3^2*409	2449	$31*79$
1388	2^2*347	4113	3^2*457	2737	$7*17*23$
1724	2^2*431	5121	3^2*569	3409	$7*487$

$P=6$, $m=-40$ の場合の定義方程式は，$A=6\varphi(a)-39$, $\varphi(A)=2a-40$.

計算結果を見ると，$a=4p$, ($p>2$ ：素数) となるのでこれを仮定する.

$A=6\varphi(a)-39=12p-51=3(4p-17)$．$Q=4p-17$ とおけば

$A=3Q$.

$Q=3^{\eta}R$, $(3\nmid R)$ と書いてみる.

すると $A=3^{\eta+1}R$, $\varphi(A)=2*3^{\eta}\varphi(R)$.

$\varphi(A)=2(4p-17-3)=2(Q-3)=2*3^{\eta}R-6$ なので上の式を用いて

$2*3^{\eta}\varphi(R)=2*3^{\eta}R-6$.

よって,

$$3^{\eta}\varphi(R)-3^{\eta}R=3^{\eta}(-\mathrm{co}\,\varphi(R))=-3.$$

$\mathrm{co}\,\varphi(R)=3$ なら $R=9$. $(3\nmid R)$ に反する. よって,

$\eta=1$, $Q=3R$, R : 素数.

$Q=4p-17=3R$ なので, $p-2=3k$ と書ける. $3R=4p-17=4(3k+2)-17=12k-9=3(4k-3)$; $R=4k-3$, $p=2+3k$.

R, p はスーパー双子素数とはいえない. しかし無限に多くの自然数 k について $R=4k-3$, $p=2+3k$ の両者がともに素数となることは十分期待できる.

4. スーパーオイラー完全数

m だけ平行移動した拡大スーパーオイラー完全数の定義式 $A=P\varphi(a)+m+1$, $\varphi(A)=\varphi(P)a+m$ において次の形でB型解 $a=2p$ があったとしてみよう.

$P=6$, $a=2p$, $A=3^{j}q$, $(p>2, q)$: 素数, $j\geqq 1$ とおく.

$A=P\varphi(a)+m+1=6(p-1)+m+1=3^{j}q$, $\varphi(A)=2*3^{j-1}(q-1)=\varphi(6)a+m=4p+m$ によって, $6p+m-5=3^{j}q$, $2*3^{j-1}(q-1)=4p+m$.

式を変形して $6p-5-3^{j}q=-m$, $2*3^{j-1}q-2*3^{j-1}-4p=m$.

両辺を加えると，

$$6p-5-3^jq+2*3^{j-1}q-2*3^{j-1}=4p.$$

整理すると

$$2p=3^{j-1}q+2*3^{j-1}+5.$$

これより

$$6p=3^jq+2*3^j+15.$$

$$m=-6p+5+3^jq=-3^jq-2*3^j-15+5+3^jq=-2(5+3^j).$$

よって， $m=-2(5+3^j)$.

1． $j=1$ なら $m=-16$, $2p=q+7$ $(q=2p-7,p)$ はスーパー双子素数.

2． $j=2$ なら $m=-28$, $2p=3q+11$. (q,p) はスーパー双子素数ではない．しかし，$(p=15+6L,\ q=1+4L)$ という表示を持つ.

3． $j=3$ なら $m=-64$, $2p=3^2q+23$. (q,p) はスーパー双子素数ではない．しかし，$(p=25+10L,\ q=3+2L)$ という表示を持つ.

5．スーパー双子素数にならない例

$2p=3q+11$ から $2*10=3*3+11$ を両辺について引くと $2(p-10)=3(q-3)$ なので，$q-3=2k$ とおくと， $p-10=3k$.
$f_1(n)=3n+10$, $f_2(n)=2n+3$ を定義すると， $q=f_2(k)$, $p=f_1(k)$.

$q=f_2(k)$, $p=f_1(k)$ において k は自然数を動くが $f_2(k)$, $f_1(k)$ がともに素数となる場合は無限に起こる，と予想されている.

表5：$P=2,\ m=-28$

a	素因数分解	A	素因数分解
26	$2*13$	45	3^2*5
62	$2*31$	153	3^2*17
122	$2*61$	333	3^2*37
134	$2*67$	369	3^2*41
194	$2*97$	549	3^2*61

表6：$m=-28,\ p=3t+10,\ q=2t+3$

$p=3t+10$	$q=2t+3$	t
13	5	1
31	17	7
61	37	17
67	41	19
97	61	29

6. 解 $a=2^ip$ の場合

少し一般化して $a=2p$（p：素数）ではなく $a=2^ip$ となる場合を考える.

すなわち，$P=6,\ a=2^ip,\ A=3^jq,\ (p>2, q)$：素数，$j\geqq 1$ とする.

$A=P\varphi(a)+m+1=6*2^{i-1}(p-1)+m+1=3^jq,$

$\varphi(A)=2*3^{j-1}(q-1)=\varphi(6)a+m=2^{j+1}p+m.$

これから m を消去すると

$$-3*2^i+1-2*3^{j-1}=3^{j-1}q-2^ip.$$

$6*2^{i-1}(p-1)+m+1=3^jq$ に代入すると

$$m=-2(3^j+3*2^i-1).$$

表 7： $m=2-6*2^e-2*3^f$

$2^i\backslash 3^j$	1	3	9	27	81
1	-6	-10	-22	-58	-166
2	-12	-16	-28	-64	-172
4	-24	-28	-40	-76	-184
8	-48	-52	-64	-100	-208
16	-46	-100	-112	-148	-256
32	-94	-196	-208	-244	-352

$m=-64$ になるのは $i=2,\ j=9\ (a=2p,\ A=3^3q)$ と $i=8,\ j=3\ (a=2^3p,\ A=3^2q)$ の 2 つである．このことは次のように解を実際に表示して確認もできる．

表 8： $P=6,\ m=-64$

a	素因数分解	A	素因数分解
86	$2*43$	189	3^3*7
122	$2*61$	297	3^3*11
194	$2*97$	513	3^3*19
302	$2*151$	837	3^3*31
446	$2*223$	1269	3^3*47
554	$2*277$	1593	3^3*59
152	2^3*19	369	3^2*41
248	2^3*31	657	3^2*73
296	2^3*37	801	3^2*89
872	2^3*109	2529	3^2*281
1256	2^3*157	3681	3^2*409
1592	2^3*199	4689	3^2*521
1832	2^3*229	5409	3^2*601
2456	2^3*307	7281	3^2*809
3176	2^3*397	9441	3^2*1049
3896	2^3*487	11601	3^2*1289

第6章 スーパー双子素数予想について

ヨハン・カール・フリードリヒ・ガウス
(Johann Carl Friedrich Gauss, 1777-1855)

1. 出版記念会での問題

平成 30 年 3 月 8 日（木）に飯高茂著『完全数の新しい世界』の出版記念会を神田の書店「書泉グランデ」で開いた．

この本付属のオビには「10 歳の数学少年と 75 歳の数学者の共同研究」と書かれていた．実際に，私はスーパー完全数，スーパーオイラ完全数の研究を彼と共同で行い，双子素数やその一般化であるスーパ双子素数が適当に平行移動するとスーパー完全数，スーパーオイラ完全数として出てくることを観察していた．そこで記念会の講演で私が解けなかった問題を整理して次のように提出した．

スーパー双子素数

与えられた整数 $(a>0,\ b)$ に対して，$p=aq+b$ とおくとき p,q がともに素数なら (p,q) を a,b に関しての超（スーパー）双子素数という．

1．超双子素数が無限にある a,b はどんな条件を満たすか

2．超双子素数が有限個の a,b は存在するか

3．与えられた $(a>0,\ b)$ に対して超双子素数を無限に生成する方程式（$\sigma(a), \varphi(a)$ を用いてよい）を作れ

ウルトラ 3 つ子素数

与えられた整数 $(a>0, b, c>0, d)$ に対して $p=aq+b,\ r=cq+d$ とおくとき p,q,r がともに素数なら (p,q,r) を a,b,c,d に関してのウルトラ 3 つ子素数という．

- ウルトラ 3 つ子素数が無限にある a,b,c,d はどんな条件を満たすか

- ウルトラ３つ子素数が有限個の a,b,c,d は存在するか
- 与えられた (a,b,c,d) に対して超双子素数を無限に生成する方程式（$\sigma(a),\varphi(a)$ を用いてよい）を作れ

前日に講演の予稿ができたので共同研究者である高橋洋翔君（当時小学４年生）に添付ファイルとして送付しておいた．講演の翌日には問題への解答が ipad を通して彼から送られてきた．それは想像以上にすばらしい解答だった．

超双子素数とウルトラ３つ子素数が無限にでてくるための条件を求めるというやや半身を引いた問題としていたのだが彼の解答においては，素数が無限に出るための必要条件がいくつか与えられていた．

彼によって提案された条件は，言われてみるとなるほど自然なものばかりである．

高橋君はこれらの条件は超双子素数やウルトラ３つ子素数での素数が無限にあるための十分条件でもあると確信しているようだった．若い人は大胆だなと私は思った．

後に学習院大学で開かれたゼミで彼の解答を詳しく検討した．そのとき水谷一さんはウルトラ３つ子素数が有限個になる条件をより精密にした．

2．高橋洋翔君の解答

1）　1.1　（ｉ）$a+b\equiv 1 \bmod 2$，（ii）a,b は互いに素

　1.2　$a=1,\ b=Q-2$（Q ：奇素数）

　1.3　超双子素数を生成する方程式は

$\varphi(a\varphi(q)+a+b)=aq+b-1$　（このとき $q,\ p=aq+b$

はともに素数）

2）　2.1　（i）$a+b\equiv 1 \bmod 2$,（ii）a,b は互いに素，

（iii）$c+d\equiv 1 \bmod 2$,

（iv）c,d は互いに素.（$a\equiv c\equiv 1$, $b+d\equiv 0 \bmod 3$ は除く）

ただし $b\not\equiv 0 \bmod 3$ ：（水谷一による修正）

2.2　$a=b=c=1$, $d=3$

2.3　$\varphi(a\varphi(q)+a+b)+\varphi(c\varphi(q)+c+d)=(a+c)q+b+d-2$

（q, $p=aq+b$, $r=cq+d$ はともに素数）

その後，水谷一さんはウルトラ三つ子素数の除外条件を精密化することを提案した.

注意 1　（水谷一，除外条件の精密化）

$ac\equiv -bd\not\equiv 0 \bmod 3$ を満たすときウルトラ三つ子素数は有限個（ただ１つ）.

私はウルトラ三つ子素数についての解答を理解するのにややてこずった．そこで読者の便宜のためよりわかりやすい証明を次に載せる.

Ⅰ．$a\equiv c\equiv 1 \bmod 3$ のとき

はじめに $bd\equiv 2 \bmod 3$ とする.

i．$b\equiv 1$, $d\equiv 2 \bmod 3$.

$p=aq+b\equiv q+1 \bmod 3$.　$r=cq+d\equiv q+2 \bmod 3$.

$q\equiv 1 \bmod 3$ なら $r\equiv 0 \bmod 3$.　$r=3$.

$q\equiv 2 \bmod 3$ なら $p\equiv 0 \bmod 3$.　$p=3$.

例　$a=1$, $b=4$, $c=1$, $d=2$

解：　$q=3$　$p=7$　$r=5$

ii．$b\equiv 2,\ d\equiv 1 \bmod 3$ のとき

II. $a\equiv c\equiv 2 \bmod 3$ のとき $bd\equiv 2 \bmod 3$.

i．$b\equiv 2,\ d\equiv 1 \bmod 3$.

$p=aq+b\equiv 2q+2 \bmod 3.\quad r=cq+d\equiv 2q+1 \bmod 3.$

$q\equiv 1 \bmod 3$ なら $r\equiv 0 \bmod 3.\quad r=3.$

$q\equiv 2 \bmod 3$ なら $p\equiv 0 \bmod 3.\quad p=3.$

例　$a=2,\ b=1,\ c=2,\ d=5$

解：　$q=3$　$p=7$　$r=11$

ii．$b\equiv 1,\ d\equiv 2 \bmod 3$. 以下略す.

3．プログラム

数式処理 wxmaxima のプログラムを読者の参考に供するために公開する.

最初は，手堅く次のプログラムを作った.（しかし素数判定の組み込み関数(primep)を使うので気に入らない.）

```
super_twin(k, l, aa, bb):= for a:aa thru bb
do(if primep(a) then (b:k*a+l,
(if primep(b) then print(a, "tab", b) else 1=1)) else
1=1);
```

$a=4,\ b=3$ で実行した結果

```
2 tab 11
5 tab 23
7 tab 31
11 tab 47
17 tab 71
19 tab 79
31 tab 127
```

高橋君の解答にあるオイラー関数 $\varphi(q)$ を用いた解答（maxima での関数 totient(q) はオイラー関数の q での値を与える）

```
twin_primes(a, b, aa, bb):=for q:aa thru bb
do(w:totient(a*totient(q)+a+b)-(a*q+b-1),
if w=0 then(p:a*q+b, print(q, "=", factor(q), "tab", p,
"=", factor(p))) else 1=1);
```

$a=2,\ b=3$ で実行した結果

```
2 = 2 tab 7 = 7
5 = 5 tab 13 = 13
7 = 7 tab 17 = 17
13 = 13 tab 29 = 29
17 = 17 tab 37 = 37
19 = 19 tab 41 = 41
29 = 29 tab 61 = 61
```

$\sigma(a)$ を用いた解答

```
twin_primes_sigma(a, b, aa, bb):=for q:aa thru bb
do(w:divsum(a*divsum(q)-a+b)-(a*q+b+1),
if w=0 then(p:a*q+b, print(q, "=", factor(q), "tab", p,
"=", factor(p))) else 1=1);
```

p=3q-2 のときの例

```
3 = 3 tab 7 = 7
5 = 5 tab 13 = 13
7 = 7 tab 19 = 19
11 = 11 tab 31 = 31
13 = 13 tab 37 = 37
23 = 23 tab 67 = 67
37 = 37 tab 109 = 109
43 = 43 tab 127 = 127
47 = 47 tab 139 = 139
```

$\sigma(a)$を用いたウルトラ３つ子素数を生成するプログラム

```
triplet_primes_sigma(a, b, c, d, aa, bb):=for q:aa
thru bb
do(w:divsum(a*divsum(q)-a+b)+divsum(c*divsum(q)-c+d)
-((a+c)*q+b+d+2),
if w=0 then(p:a*q+b, r:c*q+d, print("q=", q, "tab",
"p=", p, "tab", "r=", r)) else 1=1);
```

p=q+2, r=2q+3 のときの例

```
q= 5 tab p= 7 tab r= 13
q =17 tab p= 19 tab r= 37
q= 29 tab p= 31 tab r= 61
q= 137 tab p= 139 tab r= 277
q= 197 tab p= 199 tab r= 397
q= 227 tab p= 229 tab r= 457
q= 269 tab p= 271 tab r= 541
q= 599 tab p= 601 tab r= 1201
q= 617 tab p= 619 tab r= 1237
q= 659 tab p= 661 tab r= 1321
```

これらを実行するとスーパー双子素数やウルトラ３子素数が無限にあることは実感できる.

定理 1　$\varphi(a\varphi(q)+a+b)=aq+b-1$ を満たすとき
$q,\ p=aq+b$ はともに素数.

Proof.

$A=a\varphi(q)+a+b$ とおくと, $\varphi(A)=aq+b-1$.

$A>1$ のとき, $\varphi(A)\leqq A-1=a\varphi(q)+a+b-1\leqq aq+b-1$.

条件式から $\varphi(A)=aq+b-1$.

よって等号成立になって $\varphi(A)=A-1,\ \varphi(q)=q-1$.

ゆえに, A と q はともに素数. $A=a\varphi(q)+a+b=aq+b$ は素数.　*End*

定理2

$$\varphi(a\varphi(q)+a+b)+\varphi(c\varphi(q)+c+d)=(a+c)q+b+d-2$$

を満たすとき $q, p=aq+b,\ r=cq+d$ はどれも素数.

Proof.

$$A=a\varphi(q)+a+b,\ B=c\varphi(q)+c+d$$

とおくと $\varphi(A)+\varphi(B)=(a+c)q+b+d-2$.

$\varphi(A)\leqq A-1,\ \varphi(B)\leqq B-1$ が成り立つのでそれらを加えて,

$$\varphi(A)+\varphi(B)\leqq A-1+B-1=(a+c)\varphi(q)+a+b+c+d-2.$$

$\varphi(A)+\varphi(B)=(a+c)q+b+d-2$ を左辺に代入すると

$$(a+c)q+b+d-2=\varphi(A)+\varphi(B)\leqq(a+c)\varphi(q)+a+b+c+d-2.$$

ゆえに，等号が成り立つので

$\varphi(A)=A-1,\ \varphi(B)=B-1,\ \varphi(q)=a-1.$

A, B, q が素数であり,

$A=a\varphi(q)+a+b=aq+b=p,\ B=cq+d=r$ になり

$q, p=aq+b,\ r=cq+d$ はどれも素数. *End*

4．先行結果

インターネットでの百科事典 wikipedia にはスーパー双子素数やウルトラ三つ子素数に関連した例がいくつか載っている.

1．Twin primes： $p, q=p+2$ がともに素数.

2．Triple tprimes： $p, q=p+2$（または $p+4$），$r=p+6$ が素数

3．Cousin primes： $p, q=p+4$ がともに素数

4．Sexy primes： $p, q=p+6$ がともに素数（最近 2011，2017 が

sexy なことが注目された）

5．Sophie Germain primes：$p, q=2p+1$ がともに素数

6．Safe primes：$p, q=(p-1)/2$ がともに素数

7．Balanced primes：$q=p-n, p, r=p+n$（n は偶数）が素数

双子素数が無限にあるだろうと最初に言ったのは Paul Staeckel(1862-1919).

wikipedia で取り上げられたどの例でも素数の対や、三つ子の素数の例が無限にありそうに思える．しかしもっとも簡単な双子素数の場合でも証明ができない．現状での最良の結果はタオ教授による次の結果であろう．

素数 p について $(p+2, \cdots, p+246)$ の中に素数があることは，無限個の素数 p について起こる．

5．Dirichlet の定理

$p=aq+b$ において，q を素数から奇数の自然数にして $2n+1$ とおくと，$p=2an+a+b$．そこで高橋の条件をつける．

1.1　(i) $a+b \equiv 1 \bmod 2$,（ii）a, b は互いに素

すると，$2a$ と $a+b$ は互いに素となる．

念のため証明をつける．

$\gcd(a, b)$ を a, b の最大公約数とする．$a-b=1+2k$ とおく．

$$\begin{aligned}\gcd(2a,\ a+b) &= \gcd(a-b,\ a+b)\\ &= \gcd(a-b,\ 2b)\\ &= \gcd(a-b,\ 2a,\ 2b)\\ &= \gcd(a-b,\ 2)\\ &= \gcd(1+2k,\ 2)=1.\end{aligned}$$

よって，$2a$, $a+b$ は互いに素.

次の結果は数学史で有名なものである.

定理 3（ディリクレの定理）　a, b は互いに素とする.

$p=an+b$ において，自然数 n をすべて動かせば，無限に素数 p が出る.

これはガウスが予想したものである．しかし証明はできなかった．ディリクレが複素関数を整数論に導入して証明を行い，解析的整数論の出発点となった有名な結果である.

6．シンツェルの予想

数論の専門家からシンツェルの予想のことを教えていただいた.

Wolfram Math World にある Schinzel's Hypothesis から一部を引用する.

$f_1(x), f_2(x), \cdots, f_s(x)$ を整数係数の既約多項式とし次の条件を満たすと仮定する.

すべての整数 x について，各整数値 $f_1(x), f_2(x), \cdots, f_s(x)$ をすべて割り切る 2 以上の整数 n は無い.

このとき，無限に多くの整数 x が存在し，各整数値 $f_1(x), f_2(x), \cdots, f_s(x)$ がどれも素数になる.

最大公約数と最小公倍数

ユークリッド，紀元前３世紀　アレクサンドリアのエウクレイデスともいう

1. はじめに

最大公約数（GCD）と最小公倍数（LCM）は基本的概念であり，小学校教育の対象である．大学で教えていたとき，学生たちに最大公約数の概念について聞いたところ誰もが「知っています」と言う．しかし肝心の定義を言えないことも多い．さりながらこのことで学生を責めてはいけない．小学校教育では定義を強く教えず多くの例題をあげて経験的に指導するので，最大公約数の定義を言えなくても不思議ではない．最近の『学習指導要領』によると『数学A』で最大公約数を教えるとのことなので今では改善されていることを期待する．

最近のこと（2017年春）になるが，主に社会人を対象に高木貞治著『初等整数論講義』をテキストにして講義をすることになった．第1章でまず最大公約数と最小公倍数を扱う．基本的で誰でも知っているはずだが，証明を調べてその要領が掴めたと思い，さらさらと証明をしはじめたところすぐ躓いた．お恥ずかしい限りである．

この本の最初の箇所はそれなりに難読である．昔のことになるが，大学生の頃読んだとき，ここを明快に理解できず飛ばし読みした．「すっきりしないけれどまあいいか」と言い訳し気分の悪いまま，次に進んだという記憶が残っていた．

今回この本をテキストにして社会人に講義することを決めたのは今こそすっきり理解したかったからである．

ここでは講義の経験を踏まえて最大公約数と最小公倍数を真正面から取り上げる．「なるほどなあ」と若い読者が感嘆の声をあげるように明快に説明したいと心より思っている．

2．LCM と GCD

記号 $a|b$ を「a は b の約数」の意味に使う．これを「a 割る b」と読んでも構わない．

英語では a divides b.　a, b：自然数，とし

$$CD(a,b)=\{d \mid a,b \text{ の公約数}\},\ CM(a,b)=\{m \mid a,b \text{ の公倍数}\}$$

とおく．

これらは集合になる．集合の記号を用いて証明を見やすくして説明する．

$CM(a,b)$ はイデアルに近い性質を持っている．実際，

> **命題 1**　$q>0$, m_1, $m_2 \in CM(a,b)$ に対して
> $m_1+m_2 \in CM(a,b)$, $qm_1 \in CM(a,b)$.
> $m_1, m_2 \in CM(a,b)$, $m_1>m_2$ に対して $m_1-m_2 \in CM(a,b)$.

Proof.

$m_1=a\alpha_1$, $m_1=b\beta_1$；$m_2=a\alpha_2$, $m_2=b\beta_2$ と書けるので
$m_1+m_2=a(\alpha_1+\alpha_2)$, $m_1+m_2=b(\beta_1+\beta_2) \in CM(a,b)$, $m_1-m_2=a(\alpha_1-\alpha_2)$, $m_1-m_2=b(\beta_1-\beta_2) \in CM(a,b)$ となる．　*End*

集合 $CM(a,b)$ の最小数を $LCM(a,b)$ と書き，最小公倍数 (Least common multiple) という．

集合 $CD(a,b)$ の最大数を $GCD(a,b)$ と書き，最大公約数 (Greatest common divisor) という．

定理１　$m \in CM(a,b) \Longrightarrow L \mid m$，（ここで $L = LCM(a,b)$ としている）

Proof.

m を L で割り，$m = qL + r$, $(0 \leqq r < L)$ とおく．

$L, m \in CM(a,b)$ により $r = m - qL \in CM(a,b)$．$r < L$ によって，$r = 0$．　*End*

LCM についてのこの証明は極めて容易である．

定理２　$d \in CD(a,b) \Longrightarrow d \mid \delta$, $(\delta = GCD(a,b))$

Proof.

$d \in CD(a,b)$, $\delta = GCD(a,b)$ について，$d \mid \delta$ を示すのだが LCM についての結果を利用するので d, δ の LCM を利用する．（ここがすごい；今になって感動を覚える）

$L_0 = LCM(d, \delta)$ とおく．定義から，$L_0 \geqq \delta$．

$L_0 = \delta$ を導くために，$L_0 \leqq \delta$ を以下で証明する．$d, \delta \in CD(a,b)$ により

$$a = a'd,\ \ b = b'd,\ \ a = a''\delta,\ \ b = b''\delta.$$

$$a = a'd,\ a = a''\delta \Longrightarrow a \in CM(d, \delta)$$

定理１によれば a は $L_0 = LCM(d, \delta)$ の倍数．すなわち a_0 があり，$a = a_0 L_0$ 同様に b_0 があり，

$b = b_0 L_0$, $a = a_0 L_0$, $b = b_0 L_0 \Longrightarrow L_0 \in CD(a,b)$

よって，定義から $L_0 \leqq \delta = GCD(a,b)$．

あわせて $L_0 = \delta = GCD(a,b)$．$\delta = L_0 = LCM(d, \delta)$．だから $d \mid L_0$ なので $d \mid \delta$．　*End*

これはかなり長い証明で私は息がつまる思いがした．次の結果は誰でも知っているが，証明をすることは意外なほど大変である．

定理 3　$ab = LCM(a,b) \cdot GCD(a,b)$.

Proof.

$L = LCM(a,b)$, $\delta = GCD(a,b)$ とおくとき，

$$a \mid L \Longrightarrow L = ab', \quad b \mid L \Longrightarrow L = ba'.$$

$ab \in CM(a,b)$ により ab は L の倍数．よって $ab = LD$ となる D がある．

$ab = LD = ab'D$, $ab = ba'D \Longrightarrow b = b'D$. 同様に $a = a'D$ よって $D \in CD(a,b)$.

定理 2 によって，D は δ の約数．$\delta = De$ となる e がある．

$b = b''\delta = Db'$, $\delta = De$ より $b''De = Db'$; $b''e = b'$.

$L = ab' = ab''e$. 同様に $L = a'b = ba''e$.

$L/e = L_0$ とおけば，$L_0 = a''b$, $L_0 = b''a$. よって

$L_0 \in CM(a,b)$.

定理 1 により L_0 は L の倍数．よって $L_0 = fL$ と自然数 f で書ける．$L/e = L_0$ により，$L \geqq L_0 = fL \geqq L$ なので

$L_0 = L$; $L = L_0$, $e = 1$.

$\delta = D$ によれば $ab = LD = L\delta$.　　*End*

$ab = L\delta$ は誰でも知っている性質だが証明に手間がかかっている．そのことに感動．

これを用いて次の定理をえる（これはユークリッドの得た結果.）

定理４　a, b：互いに素，　$a \mid bc \Longrightarrow a \mid c$

Proof.
仮定から $bc = ak$ となる数 $k \in \mathbb{Z}$ がある．$X = bc$ とおく．
$GCD(a, b) = 1$ により定理３から $ab = LCM(a, b)$.
$X = bc = ak \in CM(a, b)$. X は $ab = LCM(a, b)$ の倍数.
$X = abs$ となる整数 s がある．$X = bc = abs$ により $c = as$．したがって $a \mid c$.　　*End*

３．素因数分解の一意性

与えられた自然数 n が素数ならそれ自身が素因数分解である．n が素数でないなら１より大きな自然数 n_1, n_2 で $n = n_1 n_2$ と表される．さらに n_1 と n_2 について同様の議論をすれば，ついには有限個の素数 $p_1, p_2, \cdots, p_r$ によって

$$n = p_1 p_2 \cdots p_r$$

と表せる．これが自然数の素因数分解である．分解を示すだけならこのように簡単にできるが分解の一意性の証明はこれより難しい．分解の一意性を定式化しよう．

この他に n が素数 $p'_1, p'_2, \cdots, p'_s$ の積として

$$n = p'_1 p'_2 \cdots p'_s$$

と表されたとする．このとき n の素因数を小さい方から並べているとすれば

$$r = s,\quad p_1 = p'_1,\quad p_2 = p'_2, \cdots, p_r = p'_r$$

となる．
これが素因数分解の一意性であり，証明には n の素因数の個数 r についての帰納法を用いる．

$r=1$ なら $n=p_1$ なのでこれは素数でありこれ以上分解できない.

よって $p_1=p'_1$, $r=s=1$ が成り立つ.

$r-1$ の場合を仮定する.

$a=p_1$, $b=p_2\cdots p_r$, $p=p'_1$ として定理 4 を使う.

すると(1) $p'_1|a$ または(2) $p'_1|b$.

(1) のとき $a=p_1=p'_1k$ と書けるが p_1 は素数なので $k=1$. よって $a=p_1=p'_1$ と $p_2\cdots p_r=p'_2\cdots p'_s$ とが成り立ち帰納法の仮定を使えば $p_2=p'_2,\cdots,p_r=p'_r$ が分かる. よって $r-1=s-1$ となり $r=s$.

(2) のとき自然数 c により $p_2\cdots p_r=p'_1c$. 左辺は $r-1$ 個の素数の積なので帰納法の仮定により p'_1 は $p_2,\cdots,p_r$ のどれかに等しい. $p'_1=p_j$ とすると

$$\frac{n}{p_j}=p_1p_2\cdots p_{j-1}p_{j+1}\cdots p_r=p'_2p'_3\cdots p'_s.$$

左辺は $r-1$ 個の素数の積なので帰納法の仮定により $r-1=s-1$, かつ, 各 p_i は p'_i のどれかに一致する.

4. 素因数分解の応用

自然数 n の素因数分解において同じ素因数はまとめて指数表示することも多い.

n の異なる素因数を $p_1,p_2,\cdots,p_s$ とおき, 各素因数の指数をそれぞれ $e_1,e_2,\cdots,e_s$ とおけば次のように素因数分解

$$n={p_1}^{e_1}{p_2}^{e_2}\cdots{p_s}^{e_s}$$

ができる. ここで $p_1<p_2<\cdots<p_s$ としておく.

素因数分解の一意性は次のように定式化できる.

異なる素数 $q_1, q_2, \cdots, q_t$ $(q_1 < q_2 < \cdots < q_t)$ と指数 $f_1, f_2, \cdots, f_t$ で次の等式ができたとき

$$p_1^{e_1} p_2^{e_2} \cdots p_s^{e_s} = q_1^{f_1} q_2^{f_2} \cdots q_t^{f_t}$$

等式

$$t = s,\ \ q_1 = p_1,\ \ f_1 = e_1, \cdots, q_s = p_s,\ \ f_s = e_s$$

が成り立つ．

1つの等式から，たくさんの等式が導かれるのだからこれは真に強力な結果と言うことができる．

簡単な応用例をあげよう．そのために準備として素因数分解の表示について注意したい．自然数 a, b について素因数分解するとき，指数に0も許せば素因数は共通にとることができる．たとえば

$$264 = 2^3 \cdot 3 \cdot 11,\ 60 = 2^2 \cdot 3 \cdot 5$$

に対して

$$264 = 2^3 \cdot 3 \cdot 5^0 \cdot 11,\ 60 = 2^2 \cdot 3 \cdot 5 \cdot 11^0$$

のようにする．

一般に a, b について素因子を共通にすると次のように書ける：

$$a = p_1^{e_1} p_2^{e_2} \cdots p_s^{e_s}, \quad e_i \geqq 0,$$
$$b = p_1^{f_1} p_2^{f_2} \cdots p_s^{f_s}, \quad f_j \geqq 0.$$

$h_i = \min\{e_i, f_i\}$ とおくとき $d = GCD(a, b)$ の素因数分解は

$$d = p_1^{h_1} p_2^{h_2} \cdots p_s^{h_s},\ h_i \geqq 0.$$

$g_i = \max\{e_i, f_i\}$ とおくとき $L = LCM(a, b)$ の素因数分解は

$$L = p_1^{g_1} p_2^{g_2} \cdots p_s^{g_s},\ \ q_i \geqq 0.$$

このとき $e_i \geqq f_i$ なら $h_i = f_i$, $g_i = e_i$．よって $e_i + f_i = h_i + g_i$．また $e_i < f_i$ でも同様に $e_i + f_i = h_i + g_i$．これより

$$ab = p_1^{e_1+f_1} p_2^{e_2+f_2} \cdots p_s^{e_s+f_s},$$
$$dL = p_1^{h_1+g_1} p_2^{h_2+g_2} \cdots p_s^{h_s+g_s}.$$

よって $ab=dL$ が示された．

5．$GCD(a,b)$ を軸に

以上の証明では LCM を軸にしていた．

今度は（高木先生に反旗を翻し）最大公約数 $GCD(a,b)$ を軸に論を進めることにしよう．次の結果がキーとなる．

定理5　a を b で割る．　$a=bq+r$, $(b>r\,;r\geqq 0)$ とするとき
$CD(a,b)=CD(b,r)$
すなわち公約数の集合は不変である．

Proof.
$d\in CD(a,b)$ に対し $d\in CD(b,r)$ を示す．
$a=a'd$, $b=b'd$ となり $r=a-bq=d(a'-b'q)$, $b=b'd$ によれば
$d\in CD(b,r)$
逆に $d_1\in CD(b,r)$ 対し $d_1\in CD(a,b)$ を示す．
$b=b_1d_1$, $r=r_1d_1$ と自然数 d_1, r_1 で書ける．
$a=bq+r=d_1(b_1q+r_1)$ により $a=d_1(b_1q+r_1)$.
これより $d_1\in CD(a,b)$.　　*End*

次に b を r で割る．

$$b=rq_1+r_2\,(r>r_2\geqq 0)$$

ここで $r_1=r$ とおくと，　$b=r_1q_1+r_2$．不変性によって，

$$CD(b,r_1)=CD(r_1,r_2).$$

これを繰り返すと各段階のあまりは小さくなり

$$b>r_1>r_2>\cdots>r_h$$

$r_h=0$ の1つ前を $\delta=r_{h-1}$ とする．$CD(r_{h-1},r_h)=CD(\delta,0)$ をえる．

0の約数は考えたくないが $0=0*n$ が成り立つ以上，0の約数は任意の自然数と理解する．

したがって $CD(\delta,0)$ は δ の約数全体の集合．

そこで $CD(a,b)=CD(\delta,0)$ によると $CD(a,b)$ は δ の約数全体の集合

$CD(a,b)=CD(b,r)$ において，$b=ax+by$, $r=ax'+by'$ を満たす整数 x,y,x',y' が存在する．このことを「(b,r) は (a,b) の整数1次結合で表せる」，と表現する．

(b,r) は (a,b) の整数1次結合で表せる

(r_1,r_2) は (b,r_1) の整数1次結合で表せる．これを繋げれば，(r_1,r_2) は (a,b) の整数1次結合で表せる．これを繰り返すと

δ は (a,b) の整数1次結合で表せる．したがって，$\delta=as+bt$ と整数 s,t で表せる．

よって次の結果を得る．

定理6（ユークリッドの補題）　δ を自然数 a,b の最大公約数とすると，$\delta=ax+by$ を満たす整数 x,y が存在する．

ユークリッドの時代には，1を数の基本単位として考えこれを加えてできる2以上の整数を数として理解していた．

当時は負の整数も無かった．だからユークリッドの補題，と気安く呼んでいいかどうか，悩むところである．

数値例

$a=11$, $b=8$ のとき次のような図式を書いて計算する．

$v_0, v_1, \cdots$ は書かなくてよいが，左の列に商を書くとよい．

表 1：$a=11,\ b=8$ の例

	1	0	$a=11$
1	0	1	$b=8$
2	1	-1	3
1	-2	3	2
	$x=3$	$y=-4$	$d=1$

これより $x=3,\ y=-4,\ d=1$．実際に，$11\times3+8\times(-4)=1$．

6．因数 a, b, c の補題

定理 4 を次のように示す．

自然数 a, b の最大公約数 d が 1 のとき a と b は**互いに素**(relatively prime) という．このときユークリッドの補題により a と b の生成するイデアル (a, b) は 1 を含むので $(a, b)=\mathbb{Z}$ となる．

a, b が整数でもその絶対値 $|a|, |b|$ が互いに素なら，やはり a, b を互いに素という．このときも $1=ax+by$ と整数 x, y で表せる．

a, b が互いに素というとき，a, b は 0 でないことを仮定している．

つぎの結果を因数 a, b, c の補題という．

補題 1　a, b, c を整数とし a, b は互いに素とする．a が bc の因数なら a は c の因数である．

Proof.
a が bc の因数なので $ak=bc$ と整数 k で書ける．a, b は互いに素

なので $1=ax+by$ と整数 x, y を用いて表される．そこで c を掛けて

$$c=acx+bcy=acx+aky=a(cx+ky).$$

$f=cx+ky$ とおくと $c=af$．よって a は c の因数．　*End*

この結果によれば，素数 p の倍数全体 (p) は整数環 $\mathbb{Z}$ において極大イデアルになる．したがって (p) は素イデアルになる．

7．ガウスの証明

自然数の世界で素因数分解の一意性定理が成り立つことはユークリッドらのすでに知ることであるが18世紀の終わりごろガウスがこの定理の証明が不完全であることを嘆いて次の証明をD.A.（ガウス整数論，高瀬訳）に載せている．

> **命題2**　p が素数で a, b：自然数のとき $ab\equiv 0 \mod p$ なら $a\equiv 0$ または $b\equiv 0 \mod p$.

背理法で示すため $ab\equiv 0 \mod p$ のとき $a\not\equiv 0$ かつ $b\not\equiv 0 \mod p$ を仮定する．

ここで，a, p を固定して考える．上記を満たす b の中で最小に選ぶ．p を b で割るときその商とあまりを自然数 Q と r で示すと $p=bQ+r,\ r<b$.

$ab=pm$ と書いてから $p=bQ+r$ を a 倍すると

$ap=abQ+ar=pmQ+ar.$

$p(a-mQ)=ar$ なので $m'=a-mQ$ とおくとき

$ar = pm',\ 0 \leqq r < b.$

b は最小値なので $r = 0$.

ゆえに $p = bQ$. p は素数なので $Q = 1; p = b$.

仮定：$b \not\equiv 0 \mod p$ に反する.

ガウスの証明は p が素数なら (p) は素イデアルになることを示している.

8．約数の和

自然数 a の約数の和を $\sigma(a)$ で表すことは現在ほぼ確定した記号である.

$a = p^e q^f$ の約数は素因子分解の一意性より $p^r q^s$ $(r \leqq e,\ s \leqq f)$ と書ける．したがって

$$\sigma(a) = \sigma(p^e)\sigma(q^f). \tag{1}$$

a, b は互いに素とする．ab の約数 d は a の約数 δ と b の約数 D を用いて $d = \delta D$ と一意的に書ける．これを用いると

$$\sigma(ab) = \sigma(a)\sigma(b)$$

が成り立つ．この性質を $\sigma(a)$ は乗法性を持つ，と言う.

9．完全数

$\sigma(a) = 2a$ を満たす自然数 a を古代ギリシャの数学者は完全数 (perfect numbers) と命名した．完全数という名前は魅力的であり，名前のおかげで数学者はもちろん一般にも広く知れわたるようになった.

定理3　$N=2^{n+1}-1$ とおく．N が素数 p のとき $a=2^n p$ は完全数.

Proof.

$N=2^{n+1}-1$ とおくと，

$$\sigma(a)=\sigma(2^n)\sigma(p)=N(p+1)=Np+N.$$

一方，　$Np=2^{n+1}p-p=2a-p$ により

$$\sigma(a)=Np+N=2a+N-p=2a.$$

End

$a=2^n p$ をユークリッドの完全数という．

この逆が成り立つかすなわち,「完全数はユークリッドの完全数として表せるか」は古代ギリシャの数学者が提起した問題だが今に至るまで解けていない.

4元数の発見

ウィリアム・ローワン・ハミルトン（William Rowan Hamilton，1805-1865）

1. 虚数

子供の頃，平凡社の百科辞典を読むのが好きだった．アーベル積分なども解説されていたがまったく理解できないので数学への好奇心が刺激され，虚数の箇所も読んだ．

$$-1=\sqrt{-1}\times\sqrt{-1}=\sqrt{(-1)\times(-1)}=1$$

を示してこのように虚数を使うと矛盾することがある．しかしうまく使えばよく，3次方程式の解の公式も虚数なしではできない．

1.1 虚数計算の間違い

虚数を使うと矛盾することがある．その原因は次のような歴史的経緯による．

中学では平方根計算を徹底的に教えられ次の公式を暗記する．

$$\sqrt{a}\times\sqrt{b}=\sqrt{ab}\,.$$

高校では平方根の中身は負の数の場合も扱う．$a<0$ のとき $-a$ は正なので $\sqrt{-a}$ を考えて，虚数単位 i を用いて $\sqrt{a}=i\sqrt{-a}$ と定義する．高校生は次のことを公式として覚えてほしい．

$a>0,\ b>0$ または $a<0,\ b>0$ または $a>0,\ b<0$ のとき $\sqrt{a}\times\sqrt{b}=\sqrt{ab}$ が成り立つ．

$a<0,\ b<0$ のとき $\sqrt{a}\times\sqrt{b}=-\sqrt{ab}\,.$

もう少し複雑な場合も覚えてておくとよい．

$a<0,\ b>0$ のときのみ $\sqrt{a}\times\sqrt{\dfrac{b}{a}}=-\sqrt{b}\,.$

1.2 虚数の導入

高校1年の夏休みに開かれた高校の講習会で数学の先生が虚数を矛盾なく導入するやり方を教えてくれた．

実数の対(a,b)について加減乗除を導入し，これらが普通の数と同じ性質を持つことを証明する．

(a,b)に対し次のように相等と加減乗の演算を定義する．

1．$(a,b)=(c,d) \Leftrightarrow a=c,\ b=d,$（**相等**）

2．$(a,b)+(c,d)=(a+c,b+d),$（**加法**）

3．$(a,b)-(c,d)=(a-c,b-d),$（**減法**）

4．$k(a,b)=(ka,kb),$（**スカラー倍**）

5．$(a,b)\cdot(c,d)=(ac-bd,ad+bc),$（**乗法**）

これらについて加法の結合法則や交換法則，乗法の結合法則や交換法則，そして分配法則を証明する．

$(0,0)$はゼロ元になり，$(1,0)$は乗法の単位元，すなわち，1になる．

しかし，$i=(0,1)$とおくとき$i\cdot i=(-1,0)=-1$を満たす．よって$i^2=-1$となる．そこで次のように式変形する．

$$(a,b)=(a,0)+(0,b)=a(1,0)+b(0,1)=a+bi.$$

私はこのプロセスを知り深い感動に包まれた．

虚数単位iとは$(0,1)$のことである．虚数と言ってもそれは実数から構成されているのでその実在性は疑いようがない．

こうしていかにも自然な虚数の導入がなされたので，「この先生はすごい」と思い尊敬の念を強くした．後に，このような複素数の導入法はハミルトンが考えに考えて編み出したものでこの思考の副産物がベクトルの概念であることを知った．

ハミルトン(William Rowan Hamilton, 1805年8月4日-1865年9月2日)

1.3　3元数の失敗

ハミルトンは複素数を用いると平面図形の研究ができることに気づいた．複素数 $z=x+iy$ が座標平面の点 (x,y) に対応するので複素数での計算が平面の幾何に有効なことがあり3元数 $a+bi+cj$ ができれば空間図形の研究に役に立つと考えた．

ハミルトンはいろいろ考えたけれどうまく行かない．そこで朝食のとき子どもたちに「3元数を考えたけれどうまくないかない」とこぼした．子どもたちはお父さんに同情し朝になると「3元数はまだできないの」と問いかけたという．

ハミルトンは i と別種の虚数 j があり $j^2=-1$ を満たすとした．これは一見して唐突な無理筋の話だが後で説明するように許容できる仮定である．

$$a+bi+cj=0 \Rightarrow a=b=c=0$$

となると考えた．これは $1,i,j$ が実数体上1次独立ということである．一般には

$$a+bi+cj=a'+b'i+c'j \Rightarrow a=a',\ b=b',\ c=c'$$

これが3元数の満たすべき相等の条件である.

3元数同士の加法と減法は問題なくできる. これはベクトルと見れば当然のことである. 当時はまだベクトルは知られていなかった. ベクトルのない時代にベクトルを考えたハミルトンはスゴイ.

次に積を考える.

1.4 矛盾1

i と j との積 ij も3元数になるはずなので実数 a, b, c を用いて $a+bi+cj$ と書けなければならない. しかし

$$ij=a+bi+cj$$

とおくと矛盾が出る. 実際上式に i を左から掛けると

$-j=(ii)j=i(ij)=ai+bi^2+cij$ により $-j=ai-b+cij$ になる.

上の式に $ij=a+bi+cj$ を代入すると,

$$-j=ai-b+c(a+bi+cj)=(-b+ac)+(bc+a)i+c^2j$$

$1, i, j$ の一次結合で書けるときそれは一意的なので

$-b+ac=0,\ bc+a=0,\ -1=c^2$. しかし c は実数なので $-1=c^2$ は矛盾.

この矛盾から抜け出すために ij は3元数ではなく別の新しい数と理解した.

1.5 矛盾2

$i^2=j^2=-1$ なので積の可換性 $ij=ji$ を仮定するならば

$$0=i^2-j^2=(i+j)(i-j)$$

$X=i+j,\ Y=i-j$ とおくとき $XY=0,\ Y\neq 0$ ならば $X=0$ が出るという性質を0因子の不存在と言う．

これは除法で基本的な性質でこれを否定できない．

その結果 $i-j\neq 0$ なので $i+j=0$．よって $j=-i$ になり3元数の仮定に反す．

ここでハミルトンは2つの矛盾という壁にぶつかった．普通ならここでおしまい．

矛盾が出るので高次の虚数はないとして撤退するのだがハミルトンは矛盾を避ける道を考えた．

0因子の不存在を仮定するとき積の可換性 $ij=ji$ は過大な条件であり積の非可換性を認めることにより矛盾2は回避できる．

矛盾1を回避するため3元数をあきらめ ij は $1,i,j$ の1次結合では表せない数，と考えてこれは新しい数 k とした．すなわち $ij=k$．

2．4元数の導入

次の問題は $k=ij$ を受け入れたとき ji は何か？ 別の新しい超虚数なのか？ という疑問である．

$ij\neq ji$ を受け入れたのだがここで $ji=-ij$ なら

$$k^2=ijij=i(ji)j=-i(ij)j=-i^2j^2=-1$$

となって具合がいい．$ji=-ij$ は証明できないがとりあえず $ji=-ij$ を仮定するとすべてがうまく行くことにハミルトンは気がついた．

かくて，彼は複素数より高度な数である4元数 $q=a+bi+cj+dk$ を創始したのである．

3．4元数

4元数では1と虚数単位 i 以外にさらに2つの単位 j, k がある．これら4元 $1, i, j, k$ を基礎にもつ $q = a + bi + cj + dk$ (a, b, c, d は実数)は次の計算式を満たす．

$$i^2 = j^2 = k^2 = -1,$$

$$ij = k,\ jk = i,\ ki = j, \text{（次の図で右回り）}$$

$$ji = -k,\ ik = -j,\ kj = -i \text{（左回り）}.$$

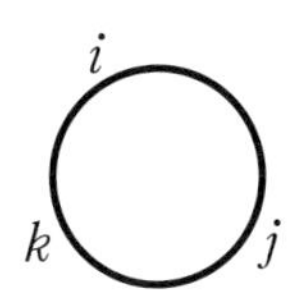

このような q を **4元数**(quaternion)という．これらはベクトルとしての計算規則の他，結合法則，分配法則が成り立つ．しかし積の交換法則は必ずしも成り立たない．
積の交換法則を捨てたところに発展の鍵があったのである．

さて $q = a + bi + cj + dk$ において a を q の実部(scalar)，そして $bi + cj + dk$ を q の純4元数部(vector)[1](または単に虚部)ということにしよう．

$ij + ji = 0$ により $(bi + cj)^2 = -b^2 - c^2$ となるので $X_0 = \cos(\theta)i + \sin(\theta)j$ とおくと $X_0^2 = (\cos^2\theta + \sin^2\theta) = -1$ をみたす．驚くべきことに，4元数では2次方程式 $X^2 = -1$ の解は無数にある．しかし，4元数においても $X^2 = i$ の解は $\pm\dfrac{1+i}{\sqrt{2}}$ のみである．

はじめに純4元数どうしの積について考察する．

$\xi_1 = x_1 i + y_1 j + z_1 k$, $\xi_2 = x_2 i + y_2 j + z_2 k$ とするとき $\xi_1\xi_2$ を計算

[1] 複素数では b を $\alpha = a + bi$ の**虚部**，という．

すると

$$\xi_1\xi_2 = -x_1x_2 - y_1y_2 - z_1z_2 \\ \quad + (y_1z_2 - z_1y_2)i + (z_1x_2 - x_1z_2)j + (x_1y_2 - y_1x_2)k.$$

そこで,

$$\boldsymbol{u}_1 = \begin{pmatrix} x_1 \\ y_1 \\ z_1 \end{pmatrix}, \quad \boldsymbol{u}_2 = \begin{pmatrix} x_2 \\ y_2 \\ z_2 \end{pmatrix}$$

とおく．すなわち $\xi_1 = x_1i + y_1j + z_1k$ を成分表示したベクトルが $\boldsymbol{u}_1$ である．

$\xi_1\xi_2$ の実部は内積 $-u_1 \cdot u_2$，純4元数部は外積（ベクトル積）$\boldsymbol{u}_1 \times \boldsymbol{u}_2$ と同じ係数をもつのである．

ハミルトンの時代にはまだベクトルの内積，外積の定義も概念もなかった．純4元数の積としてこれらが数学の歴史に登場したのである．

$\boldsymbol{u}_1 \times \boldsymbol{u}_2$ と同じ係数をもつ4元数をやはり $\xi_1 \times \xi_2$ と書き，内積 $\boldsymbol{u}_1 \cdot \boldsymbol{u}_2$ を $(\xi_1 \cdot \xi_2)$ と書こう．

純4元数全体は i, j, k を基底にもつ $\mathbf{R}$ 上の3次元ベクトル空間になる．これを $\mathbf{H}_0$ で示すことにする．$\xi_1, \xi_2 \in \mathbf{H}_0$ に対して $\xi_1\xi_2$ は実部 $-(\xi_1 \cdot \xi_2)$ をもつので $\mathbf{H}_0$ に属さない．これでは乗法ができないので，実数 a と純4元数 ξ を対にした (a, ξ) を考えて

- 加法 $(a_1, \xi_1) + (a_2, \xi_2) = (a_1 + a_2, \xi_1 + \xi_2)$,
- スカラー倍 $k(a_1, \xi_1) = (ka_1, k\xi_1)$,
- 乗法 $(a_1, \xi_1)(a_2, \xi_2) = (a_1a_2 - (\xi_1 \cdot \xi_2),\ a_1\xi_2 + a_2\xi_1 + \xi_1 \times \xi_2)$

を定義する．こうして得られた (a, ξ) の全体は実数体 $\mathbf{R}$ と $\mathbf{H}_0$ のベクトル空間としての直和とみなされる．これを $\mathbf{H}$ で示す．$(a, \xi) = a(1, 0) + (0, \xi)$ とかけるので $a(1, 0)$ を単に a と書き，$(0, \xi)$

を ξ と略記しても誤解が生じないであろう．したがって

$$\xi_1\xi_2 = -(\xi_1\cdot\xi_2) + \xi_1\times\xi_2$$

と簡単にかける．

4 元数では積の交換法則は成立しないが結合法則はなりたって（[2]），しかも 0 でない 4 元数は逆元をもち，その結果除算もできる．だから 4 元数環 **H** は(非可換)体[2] になるのである．

非可換体

実数体 **R** の有限次拡大の可換体は複素数体である．**R** の有限次拡大の非可換体は 4 元数の体に限る．このことは，フロベニウスによって証明された．したがって 4 元数はハミルトンが創った数のようであるが，実は天与の実在であってそれがたまたまハミルトンにより発見されたというべきなのかもしれない．（[3]を参考にしている．）

フロベニウスの定理の証明

V を **R** の有限次拡大の非可換体とする．**R** のベクトル空間としての次元を $n+1$ とする．その基底を $\varepsilon_0, \varepsilon_1, \cdots, \varepsilon_n$ とおくが $\varepsilon_0 = 1$ としておく．$\varepsilon_1, \cdots, \varepsilon_n$ の 1 次結合全体を V_0 とおく．したがって $V = \mathbf{R} + V_0$ (直和)．

命題 1　0 でない $\xi \in V_0$ は虚根をもつ 2 次式 $X^2 + 2aX + b = 0$ の解となる．

Proof.

$m = n+1$ とおく．$1, \xi, \xi^2, \cdots, \xi^m$ は $m+1 (= n+2 > n+1)$ 個あ

---

[2] 四則計算すなわち加減乗除ができる集合を体という．

るのでこれらは$\mathbf{R}$上1次従属になる．だから実数$a_0, a_1, \cdots, a_m$（これらは自明な場合，すなわち，すべてが0の場合を除く．簡単のため$a_m=1$とする）があり$a_0+a_1\xi+a_2\xi^2+\cdots+\xi^m=0$を満たす．

$f(X)=a_0+a_1X+\cdots+X^m$とおくとき，$f(\xi)=0$を満たす．

$f(X)$を既約実多項式の積に分解する．代数学の基本定理によると$f(X)$の素因子である既約実多項式$g(X)$は1次式または2次式であり，多項式環では0因子が存在しないので，$f(X)$の素因数になる既約多項式$g(X)$があり$g(\xi)=0$を満たす．$g(X)$が1次式ならξは実数になってしまう．だから$\xi\in V_0$は実数ではない．したがって$g(X)$は虚根を持つ実2次式になる．よって実数a, bがあり$g(X)=X^2+2aX+b$の根となるとしてよい．すなわち，$g(\xi)=\xi^2+2a\xi+b=0$．ここでは判別式が負になる；$D=4a^2-4b<0$.

$\xi'=\xi+a$とおけば$\xi'^2=-b+a^2<0$, $b_1=-b+a^2$とおくとき，$D=4a^2-4b=4b_1<0$.

$\eta=\dfrac{\xi'}{\sqrt{-b_1}}$とすると$\eta^2=-1$.

以上によれば，V_0の基底をすこし取り替えることによって，$\varepsilon_1, \varepsilon_2, \cdots, \varepsilon_n$は$X^2+1=0$の根としてよいことがわかる．（これがハミルトンが3元数を考えたとき$j^2=-1$とおいた根拠である）.

> **命題2**　$\xi, \eta\in V_0$があり，$1, \xi, \eta$は1次独立で$\xi^2=\eta^2=-1$を満たすとする．このとき$\xi\eta+\eta\xi$は実数.

Proof.

$\xi+\eta$, $\xi-\eta$はV_0の元なので，

$$(\xi+\eta)^2=p_1(\xi+\eta)+p_2,\ (\xi-\eta)^2=p_3(\xi-\eta)+p_4$$

を満たす実数 p_1, p_2, p_3, p_4 がある．$\zeta=\xi\eta+\eta\xi$ とおくとき

$$(\xi+\eta)^2=\xi^2+\xi\eta+\eta\xi+\eta^2=-2+\zeta.$$

同様に $(\xi-\eta)^2=\xi^2-\xi\eta\alpha-\eta\xi+\eta^2=-2-\zeta$ なので

$$\begin{aligned}(\xi+\eta)^2+(\xi-\eta)^2&=p_1(\xi+\eta)+p_2+p_3(\xi-\eta)+p_4\\&=(p_1+p_3)\xi+(p_1-p_3)\eta+p_2+p_4.\end{aligned}$$

したがって $(\xi+\eta)^2+(\xi-\eta)^2=-4$ によれば

$(p_1+p_3)\xi+(p_1-p_3)\eta+p_2+p_4=-4.$

$1,\xi,\eta$ は 1 次独立なので，$p_1+p_3=0$, $p_1-p_3=0$ になる．ゆえに $p_1=p_3=0.$

よって，$(\xi+\eta)^2=p_2$．それゆえ $-2+\zeta=(\xi+\eta)^2=p_2$ をえるので，$\zeta=p_2+2$．これは実数.

命題 3　$1,i$ と 1 次独立な V_0 の元 ξ があるとする．これから 4 元数を導く.

Proof.

$\xi^2=-1$ を満たすとしてよい．$t=i\xi+\xi i$ とおくとこれは実数．だから $it=ti$.

s を実数とし $\eta=ti+s\xi$ とおき計算すると

$i\eta=i(ti+s\xi)=-t+si\xi$, $\eta i=(ti+s\xi)i=-t+s\xi i$ なので

$$i\eta+\eta i=-2t+s(\xi i+i\xi)=t(-2+s).$$

よって，$s=2$ とおけば $i\eta+\eta i=0$.（これは意外な結果である）

さらに $\eta^2=-t^2+2(\xi i+i\xi)t-4=t^2-4.$

$j=\dfrac{\eta}{\sqrt{4-t^2}}$ とおくとき，$j^2=-1$, $ij=-ji$ を満たす.

それゆえ $k=ij$ と定めるとき，$ik=-j$, $kj=-i$．これより

$k^2=kij=-kji=\ i^2=-1.$

一方 $k=ij$ により $ik=iij=-j,\ jk=jij=-iji=i.$

かくして $1,i,j,k$ は自然に4元数体の基底になることがわかった．

次の結果は $n>3$ ならば非可換体は存在しないことを主張する．

命題4　i,j,k と独立な V_0 の元 ε があるとすると矛盾する．

Proof.

$\varepsilon^2=-1$ と仮定してよい．命題2によって

$$k\varepsilon=-\varepsilon k+t_3,\ j\varepsilon=-\varepsilon j+t_2,\ i\varepsilon=-\varepsilon i+t_1$$

を満たす実数 t_1,t_2,t_3 がある．

$$\begin{aligned}k\varepsilon&=ij\varepsilon=i(-\varepsilon j+t_2)\\&=-(i\varepsilon)j+t_2 i\\&=\varepsilon ij-t_1 j+t_2 i\\&=\varepsilon k-t_1 j+t_2 i.\end{aligned}$$

$k\varepsilon=-\varepsilon k+t_3$ より，

$$2\varepsilon k-t_1 j+t_2 i=t_3.$$

右から k をかけると，$2\varepsilon k^2-t_1 jk+t_2 ik=t_3 k$．整理して

$$-2\varepsilon=t_3 k-t_1 i+t_2 j.$$

これは i,j,k と独立な元 ε という仮定に反する．

参考文献

［1］S.Iitaka，数学の研究をはじめよう（Ⅰ）（Ⅱ）2016年　現代数学社．

［2］S.Iitaka，ベクトルを深く学ぼう　2012年　共立出版社

［3］I.L.Kantor，A.S.Solodovnikov 著浅野洋，笠原久弘訳　超複素数入門 1999年　森北出版

第9章

σ^2完全数とφ^2完全数

齋藤之理（麻布中学一年生）

2023年1月30日

1．はじめに

ある整数 α について，その約数の和を $\sigma(\alpha)$ と表す．これを使って $\sigma(\alpha)=2\alpha$ になる場合，素数 q を $2^{e+1}-1$ として，$\alpha=2^e q$ と書けるだろうか．これは，ユークリッドが予想し，オイラーが偶数の場合において証明した．奇数の場合は今でも解決されていない．

さて，ユークリッド完全数は $q=\sigma(2^e)$ として，$\alpha=2^e q$ と書けそうだが，一般の素数 p に対し $q=\sigma(p^e)=\dfrac{p^{e+1}-1}{\overline{p}}$ として，$\alpha=p^e q$ となる場合が完全数の一般化として考えられる．なお簡単のため，一般の記号について $\overline{x}=x-1$, $\tilde{x}=x+1$ のようにする．例えば $\overline{p}=p-1$ のように使う．

この際，$\varphi(\alpha)$ 以外の関数を使わないようにすると，一次式ではうまく式が作れず，平方根が必要になってしまうので二次式を使う．すると，

$$\alpha(\alpha-1)\overline{p}^{\,2}-(2\alpha p-1)\overline{p}\varphi(\alpha)+p^2\{\varphi(\alpha)\}^2=0$$

という式が導かれた．$\sigma(\alpha)$ を使ってもこれと同様の方法で，

$$\{\overline{p}\sigma(\alpha)-p\alpha\}^2=(p-2)\{p\alpha-\sigma(\alpha)\}$$

という式が導かれた．

2．φ^2 完全数

2.1　定義式

$q=\sigma(p^e)=\dfrac{p^{e+1}-1}{\overline{p}}$ とおいて $\alpha=p^e q$ の満たす式を $\varphi(\alpha)$ のみで考える．まず α について，定義を変形すると，

$$4\overline{p}\alpha=2p^e(2p\cdot p^e-2)$$

が成り立つ．つぎに $\varphi(\alpha)$ を求める．

$$\varphi(\alpha)=\varphi(p^e)\varphi(q)=\overline{p}\,p^{e-1}(q-1)=\overline{p}\,p^{e-1}\left(\frac{p^{e+1}-1}{\overline{p}}-1\right)=(p^e)^2-p^e$$

これは元の α の形と全く異なり，p^e 以外共通点を見出せないので，思い切って p^e を求めることにする．先ほどの式は p^e の二次方程式と見なせる．

$$(p^e)^2-p^e-\varphi(\alpha)=0$$

因数分解できそうにないので解の公式を使って解く．$p^e>\dfrac{1}{2}$ なので符号は正であり，

$$p^e=\frac{\sqrt{4\varphi(\alpha)+1}+1}{2}$$

分母を払って $2p^e=\sqrt{4\varphi(\alpha)+1}+1$ となる．これを

$$4\overline{p}\alpha=2p^e(2p\cdot p^e-2)$$

に代入する．

$$4\overline{p}\alpha=\{\sqrt{4\varphi(\alpha)+1}+1\}\{p\sqrt{4\varphi(\alpha)+1}+p-2\}$$

掛け算を行い整理すれば，

$$\overline{p}\sqrt{4\varphi(\alpha)+1}=2\alpha\overline{p}-2p\varphi(\alpha)-\overline{p}$$

これを二乗する．

$$\overline{p}^2\{4\varphi(\alpha)+1\}=\{2\alpha\overline{p}-2p\varphi(\alpha)-\overline{p}\}^2$$

展開し，同類項をまとめ，係数 4 を払えば，

$$\alpha(\alpha-1)\overline{p}^{\,2}-(2\alpha p-1)\overline{p}\varphi(\alpha)+p^2\{\varphi(\alpha)\}^2=0$$

これを素数 p を底とする φ^2 完全数とする．

2.2　数値例

この解には，$\alpha=p^eq$ と書ける例と書けない例がある．そのように書ける例の中でも $q=\dfrac{p^{e+1}-1}{\overline{p}}$ と書ける例（先祖返りと呼ぶ）と書けない例がある．

表 1： φ 完全数

p	α	α の素因数分解
2	3	3
2	6	$2 \cdot 3$
3	7	7
2	21	$3 \cdot 7$
2	28	$2^2 \cdot 7$
7	43	43
3	117	$3^2 \cdot 13$
13	157	157
2	465	$3 \cdot 5 \cdot 31$
2	496	$2^4 \cdot 31$
5	775	$5^2 \cdot 31$
67	4423	4423
2	8128	$2^6 \cdot 127$
17	88723	$17^2 \cdot 307$
3	796797	$3^6 \cdot 1093$
41	2896363	$41^2 \cdot 1723$
7	6725201	$2801 \cdot 7^4$

2.3　考察

2.3.1　$\alpha = p^e L$ として考察

ここで，p, L を互いに素として，$\alpha = p^e L$ と置いて，L の満たす条件を考える．

定義式 $p^2\{\varphi(\alpha)\}^2 - \overline{p}(2\alpha p - 1)\varphi(\alpha) + \alpha(\alpha - 1)\overline{p}^2 = 0$ に $\alpha = p^e L$, $\varphi(p^e L) = p^{e-1}\overline{p}\,\varphi(L)$ を代入して，

$$p^{e+1}\varphi(L)^2 - (2p^{e+1}L - 1)\varphi(L) + pL(p^e L - 1) = 0$$

$\varphi(L)$ について，二次方程式の解の公式より

$$\varphi(L) = \frac{2^{e+1}L - 1 \pm \sqrt{4p^{e+1}\overline{p}L + 1}}{2p^{e+1}}$$

$$\varphi(L) = L \pm \frac{\sqrt{4p^{e+1}\overline{p}L + 1} \mp 1}{2p^{e+1}}$$

$\varphi(L) < L$ より，

$$\varphi(L)=L-\frac{\sqrt{4p^{e+1}\overline{p}L+1}+1}{2p^{e+1}}$$

$\mathrm{co}\varphi(L)\equiv L-\varphi(L)$ を用いると，

$$\mathrm{co}\varphi(L)=\frac{\sqrt{4p^{e+1}\overline{p}L+1}+1}{2p^{e+1}}$$

$$2p^{e+1}\mathrm{co}\varphi(L)-1=\sqrt{4p^{e+1}\overline{p}L+1}$$

$$4p^{2e+2}\{\mathrm{co}\varphi(L)\}^2-4p^{e+1}\mathrm{co}\varphi(L)+1=4p^{e+1}\overline{p}L+1$$

$$\{p^{e+1}\mathrm{co}\varphi(L)-1\}\mathrm{co}\varphi(L)=\overline{p}L$$

$\mathrm{co}\varphi(L)$ を使って，L の条件を求めることができた．

2.3.2　$\varphi(\alpha)$ について解く

$\varphi(\alpha)$ についての二次方程式の解の公式より，

$$\varphi(\alpha)=\frac{\overline{p}(2p\alpha-1)\pm\overline{p}\sqrt{4p\alpha\overline{p}+1}}{2p^2}$$

$$2p^2\varphi(\alpha)=(2p\alpha-1)\overline{p}\pm\overline{p}\sqrt{4\alpha\overline{p}+1}$$

$$\mp\overline{p}\sqrt{4\alpha\overline{p}+1}=(2p\alpha-1)\overline{p}-2p^2\varphi(\alpha)$$

$\overline{p}\,|\,\varphi(\alpha)$ より，$\varphi'(\alpha)\equiv\dfrac{\varphi(\alpha)}{\overline{p}}$ とすると，$\varphi'(\alpha)$ は整数関数になる．

$$\mp\sqrt{4p\alpha\overline{p}+1}=2p\alpha-1-2p^2\varphi'(\alpha)$$

$n=\alpha-p\varphi'(\alpha)$ とする．$\overline{p}n=\alpha\overline{p}-p\varphi(\alpha)$ も成り立つ．

$$\mp\sqrt{4p\alpha\overline{p}+1}=2pn-1$$

$$4p\alpha\overline{p}+1=4p^2n^2-4pn+1$$

$$\alpha=\frac{n(pn-1)}{\overline{p}}$$

$\alpha=\dfrac{n(pn-1)}{\overline{p}}$ となる．$\overline{p}n=\alpha\overline{p}-p\varphi(\alpha)$ に代入して，

$$\overline{p}n=n(pn-1)-p\varphi\left\{\frac{n(pn-1)}{\overline{p}}\right\}$$

$p=2$ の場合，定義式は，$4\{\varphi(\alpha)\}^2-(4\alpha-1)\varphi(\alpha)+\alpha(\alpha-1)=0$ となる．$2^{e+1}-1$ が素数になる時の $n=2^e$ を代入すれば，$\alpha=\dfrac{n(pn-1)}{\overline{p}}=2^e(2^{e+1}-1)$ の場合，

$$\begin{aligned}n=\overline{p}n&=\alpha\overline{p}-p\varphi(\alpha)=2^e(2^{e+1}-1)-2\varphi\{2^e(2^{e+1}-1)\}\\&=2^e(2^{e+1}-1)-2\cdot2^{e-1}(2^{e+1}-2)=2^e\end{aligned}$$

となり条件を満たす．これは正規解になる．また同じ $p=2$ の場合に $n=-2^e+1$ を代入すれば，$\alpha=(2^e-1)(2^{e+1}-1)$ となり，今までに見つけた全てのエイリアン解が求まった．例えば，$e=1$ の場合は $\alpha=3$, $e=2$ の場合は $\alpha=3\times7=21$, $e=3$ の場合は $\alpha=15\times31=465$ 等である．一般的な証明はできなかったが，エイリアン解は全てこの形で表せるのではないかと思われる．なお $\alpha<100000$ までに反例はない．

3．乗数 h つき平行移動 m の φ^2 完全数

3.1　定義式

$q=\dfrac{hp^{e+1}-1}{\overline{p}}+m$ とおいて $\alpha=p^eq$ の満たす式を $\varphi(\alpha)$ のみで考える．まず α について，定義を変形するると，

$$hp\cdot(p^e)^2+(mp-m-1)p^e-\alpha\overline{p}=0$$

が成り立つ．これは p^e の二次方程式になる．解の公式から p^e を求める．$Y=mp-m-1$ として，

$$p^e=\frac{-Y+\sqrt{Y^2+4\alpha\overline{p}hp}}{2hp}$$

となる．

次に $\varphi(\alpha)$ について，

$$\varphi(\alpha)=\varphi(p^e)\varphi(q)=\overline{p}\,p^{e-1}(q-1)=p^{e-1}(hp^{e+1}+mp-m-p)$$

$$p\varphi(\alpha)=p^e(hp^{e+1}+mp-m-p)$$

が成り立つ．この式を p^e の二次方程式として書き直す．

$$hp\cdot(p^e)^2+(mp-m-p)p^e-p\varphi(\alpha)=0$$

ここで，二つの等式の左辺は両方とも 0 だから，

$$hp\cdot(p^e)^2+(mp-m-1)p^e-\alpha\overline{p}=hp\cdot(p^e)^2+(mp-m-p)p^e-p\varphi(\alpha)$$

同類項を整理して，

$$\overline{p}\,p^e=\alpha\overline{p}-p\varphi(\alpha)$$

ここに，$p^e=\dfrac{-Y+\sqrt{Y^2+4\alpha\overline{p}hp}}{2hp}$ を代入する．

$$\overline{p}\left\{\frac{-Y+\sqrt{Y^2+4\alpha\overline{p}hp}}{2hp}\right\}=\alpha\overline{p}-p\varphi(\alpha)$$

$$\overline{p}\{-Y+\sqrt{Y^2+4\alpha\overline{p}hp}\}=2hp\{\alpha\overline{p}-p\varphi(\alpha)\}$$

$$\overline{p}\sqrt{Y^2+4\alpha\overline{p}hp}=2hp\{\alpha\overline{p}-p\varphi(\alpha)\}+\overline{p}\,Y$$

$$\overline{p}^{\,2}(Y^2+4\alpha\overline{p}hp)=[2hp\{\alpha\overline{p}-p\varphi(\alpha)\}+\overline{p}Y]^2$$

これを展開して整理すると，

$$hp^3\{\varphi(\alpha)\}^2+\alpha^2hp\overline{p}^2-2\alpha hp^2\overline{p}\varphi(\alpha)$$
$$-p\overline{p}(mp-m-1)\varphi(\alpha)+\alpha\overline{p}^2(mp-m-p)=0$$

特に $h=1$, $m=0$ なら，

$$\alpha^2p\overline{p}^2-2\alpha p^2\overline{p}\varphi(\alpha)-\alpha p\overline{p}^2+p^3\{\varphi(\alpha)\}^2+p\overline{p}\varphi(\alpha)=0$$

となり，もとの方程式にもどる．

3.2　数値例

表2：解の例

p	h	m	α	素因数分解
2	1	-4	75	$3*5^2$
2	1	0	3	3
2	1	0	21	$3*7$
2	1	0	465	$3*5*31$
2	1	2	1	1
2	1	4	9	3^2
2	1	4	135	3^3*5
2	1	4	495	3^2*5*11
2	2	-2	45	3^2*5
2	2	2	3	3
2	2	4	1	1
3	1	-3	5	5
3	1	-3	10	$2*5$

p	h	m	α	素因数分解
3	1	-3	55	$5*11$
3	1	0	7	7
3	1	3	4	2^2
3	1	3	25	5^2
3	1	3	875	5^3*3*7
3	2	0	1	1
3	2	3	2	2
3	2	3	7	7
5	1	-5	1127	7^2*23
5	2	-5	27	3^3
5	2	-5	49	7^2
7	1	0	43	43
7	2	0	9	3^2

3.3　$\alpha=p^e q$として考察

定義式 $hp^3\{\varphi(\alpha)\}^2+\alpha^2 hp\overline{p}^2-2\alpha hp^2\overline{p}\varphi(\alpha)$

$$-p\overline{p}(mp-m-1)\varphi(\alpha)+\alpha\overline{p}^2(mp-m-p)=0$$

ここで，p,qを互いに素として，$\alpha=p^e q$ また，$\varphi(\alpha)=\overline{p}p^{e-1}(q-1)$ と置く．

$$hp^3p^{2e-2}\overline{p}^2(q-1)^2-2hp^2p^ep^{e-1}q\overline{p}^2(q-1)+hp^{2e}q^2\overline{p}^2$$
$$-pp^{e-1}\overline{p}^2(q-1)(mp-m-1)+p^eq\overline{p}^2(mp-m-p)=0$$

$$-p^e\overline{p}^2(-hp^{e+1}-mp+m+pq-q+1)=0$$

$$hp^{e+1}+mp-m-pq+q-1=0$$

$$hp^{e+1}+mp-m+q(1-p)-1=0$$

$$q=\frac{hp^{e+1}+mp-m-1}{p-1}$$

$$q=\frac{hp^{e+1}-1}{p-1}+m$$

これは定義した際の形に戻っている．これを一般に「先祖返り」と呼ぶ．

4. σ^2 完全数

4.1 定義式

$q=\sigma(p^e)=\dfrac{p^{e+1}-1}{\overline{p}}$ とおいて $\alpha=p^e q$ の満たす式を $\sigma(\alpha)$ のみで考える.

まず α について，定義式を変形すると,

$$\overline{p}\alpha=p^e(p^{e+1}-1)$$

が成り立つ，これは p^e の二次方程式と見なせる.

$$p(p^e)^2-(p^e)-\overline{p}\alpha=0$$

解の公式を用いると，$p^e>1>\dfrac{1}{2p}$ なので，符号は正であり,

$$p^e=\frac{1+\sqrt{1+4p\overline{p}\alpha}}{2p}$$

となる．これに $2p$ を掛けると,

$$2p^{e+1}=1+\sqrt{1+4p\overline{p}\alpha}$$

次に $\sigma(\alpha)$ を考えると,

$$\overline{p}^2\sigma(\alpha)=(p^{e+1}-1)(p^{e+1}+p-2)$$

となる．4 倍して $2p^{e+1}$ を代入して,

$$4\overline{p}^2\sigma(\alpha)=(2p^{e+1}-2)\{2p^{e+1}+2(p-2)\}$$

$$4\overline{p}^2\sigma(\alpha)=(1+\sqrt{1+4p\overline{p}\alpha}-2)\{1+\sqrt{1+4p\overline{p}\alpha}+2(p-2)\}$$

展開して平方根を左辺に寄せると,

$$(p-2)\sqrt{1+4p\overline{p}\alpha}=2\overline{p}^2\sigma(\alpha)-2p\overline{p}\alpha+(p-2)$$

二乗して平方根を外すと,

$$(p-2)^2(1+4p\overline{p}\alpha)=(2\overline{p}(\overline{p}\sigma(\alpha)-p\alpha)+(p-2))^2$$

展開して整理すれば，σ^2 完全数の定義式

$$(\overline{p}\sigma(\alpha)-p\alpha)^2=(p-2)(p\alpha-\sigma(\alpha))$$

を得る.

4.2　数値例

p	α	α の素因数分解
2	6	$2*3$
2	28	2^2*7
2	496	2^4*31
2	8128	2^6*127
3	5	5
3	26	$2*13$
3	51	$3*17$
3	117	3^2*13
3	477	3^2*53
5	19	19
5	775	5^2*31
7	41	41
7	2051	$7*293$

4.3　考察

4.3.1　$\alpha=p^e q$ の場合

定義式

$$(\overline{p}\sigma(\alpha)-p\alpha)^2=(p-2)(p\alpha-\sigma(\alpha))$$

は，q を任意の p でない素数として α が $p^e q$ と書ける場合，

$$(\overline{p}\sigma(p^e q)-p\cdot p^e q)^2=(p-2)(p\cdot p^e q-\sigma(p^e q))$$

p と q が互いに素だから，$\sigma(\alpha)=\sigma(p^e)\sigma(q)=\dfrac{p^{e+1}-1}{\overline{p}}(q+1)$ となる．これを使って，

$$((p^{e+1}-1)(q+1)-p^{e+1}q)^2=(p-2)\left(p^{e+1}q-\frac{p^{e+1}-1}{\overline{p}}(q+1)\right)$$

$Y=p^{e+1}-1$ と置いて，

$$(Y(q+1)-(Y+1)q)^2=(p-2)\left((Y+1)q-\frac{Y}{\overline{p}}(q+1)\right)$$

$\overline{p}$ を掛けて，展開して因数分解すると，

$$\{\overline{p}q-Y\}\{q-(\overline{p}Y+(p-2))\}=0$$

よって，$q=\sigma(p^e)$ 又は $q=\overline{p}\,p^{e+1}-1$

4.3.2　α が素数の場合

　定義式

$$(\overline{p}\sigma(\alpha)-p\alpha)^2=(p-2)(p\alpha-\sigma(\alpha))$$

において，α を p でない素数とすると，$\sigma(\alpha)=\alpha+1$ だから

$$(\overline{p}(\alpha+1)-p\alpha)^2=(p-2)(p\alpha-(\alpha+1))$$

因数分解すると，

$$(\alpha-1)(\alpha+1+p-p^2)=0$$

$\alpha=1$ になる場合 α は素数でないから，

$$\alpha=p^2-p-1$$

となる．

4.3.3　$\sigma(\alpha)=p\alpha$ になる場合

$$(\overline{p}\sigma(\alpha)-p\alpha)^2=(p-2)(p\alpha-\sigma(\alpha))$$

$\sigma(\alpha)=p\alpha$ より，

$$(\overline{p}\,p\alpha-p\alpha)^2=(p-2)(p\alpha-\sigma(\alpha))$$
$$(\overline{p}\,p\alpha-p\alpha)^2=(p-2)(p\alpha-p\alpha)$$
$$(\overline{p}\,p\alpha-p\alpha)^2=0$$
$$\overline{p}\,p\alpha-p\alpha=0$$
$$(p-2)p\alpha=0$$

$p=0$ または $\alpha=0$ でないので，$p-2=0$．つまり，$p=2$．

4.3.4　$\sigma(\alpha)=q\alpha$ になる場合（ただし $p\neq q$）

$$(\overline{p}\sigma(\alpha)-p\alpha)^2=(p-2)(p\alpha-\sigma(\alpha))$$

$\sigma(\alpha)=q\alpha$ より，

$$(\overline{p}q\alpha - p\alpha)^2 = (p-2)(p\alpha - \sigma(\alpha))$$

$$(\overline{p}q\alpha - p\alpha)^2 = (p-2)(p\alpha - q\alpha)$$

$$(\overline{p}q - p)^2\alpha^2 = (p-2)(p-q)\alpha$$

$$(\overline{p}q - p)^2\alpha = (p-2)(p-q)$$

$$\alpha = \frac{(p-2)(p-q)}{(\overline{p}q-p)^2}$$

$$\alpha = \frac{(p-2)(p-q)}{(\overline{p}\cdot\overline{q}-1)^2}$$

4.3.5　$\sigma(\alpha)$について解く

定義式

$$(\overline{p}\sigma(\alpha) - p\alpha)^2 = (p-2)(p\alpha - \sigma(\alpha))$$

を展開して，$\sigma(\alpha)$の二次方程式としてみる．

$$\overline{p}^2\sigma(\alpha)^2 - (2p\overline{p}\alpha - (p-2))\sigma(\alpha) + p^2\alpha^2 - (p-2)p\alpha = 0$$

解の公式に代入してまとめると，

$$\sigma(\alpha) = \frac{2p\overline{p}\alpha - p + 2 \pm (p-2)\sqrt{4\overline{p}p\alpha + 1}}{2\overline{p}^2}$$

となる．$\sigma(\alpha)$を定数とαのみで表すこともできた．ただ，$\sigma(\alpha)=2\alpha$のように簡単にはならない．

5．乗数 h つき平行移動 m のσ^2完全数

5.1　定義式

まずαについて，φ^2完全数と同様に，

$$hp\cdot(p^e)^2 + (mp - m - 1)p^e - \alpha\overline{p} = 0$$

また，

$$p^e = \frac{-Y + \sqrt{Y^2 + 4\alpha\overline{p}hp}}{2hp}$$

となる．次に $\sigma(\alpha)$ について，

$$\bar{p}\sigma(\alpha)=(p^{e+1}-1)(q+1)$$

q に $\dfrac{p^{e+1}-1}{\bar{p}}+m$ を代入して，

$$\bar{p}^2\sigma(\alpha)=(p^{e+1}-1)(hp^{e+1}+mp-m+p-2)$$

が成り立つ．

ここで Z を $mp-m+p-2$ とおいて，

$$\bar{p}^2\sigma(\alpha)=(p\cdot p^e-1)(hp\cdot p^e+Z)$$

展開して p^e の多項式として整理すると，

$$(p^e)^2hp^2+(p^e)p(Z-h)-\bar{p}^2\sigma(\alpha)-Z=0$$

この式から α に関する式を p 倍して引いて，

$$p^e\cdot p(\bar{p}-h)+\alpha p\bar{p}-\bar{p}^2\sigma(\alpha)-Z=0$$

またここで，

$$p^e=\frac{-Y+\sqrt{Y^2+4\alpha\bar{p}hp}}{2hp}$$

であったから，

$$\frac{-Y+\sqrt{Y^2+4\alpha\bar{p}hp}}{2h}\cdot(\bar{p}-h)+\alpha p\bar{p}-\bar{p}^2\sigma(\alpha)-Z=0$$

$2h$ をかけて分母を払うと，

$$(Y-\sqrt{Y^2+4\alpha\bar{p}hp})(h-\bar{p})=2h(Z-\alpha p\bar{p}+\bar{p}^2\sigma(\alpha))$$

平方根を含む項と含まない項に分けて，二乗して $4h$ で割って，

$$\alpha\bar{p}p(h-\bar{p})^2=-Y(Z-\alpha p\bar{p}+\bar{p}^2\sigma(\alpha))(h-\bar{p})+h(Z-\alpha p\bar{p}+\bar{p}^2\sigma(\alpha))^2$$

これを展開して整理すると，

$$h\bar{p}^3\sigma^2(\alpha)+[-2hp\bar{p}\alpha+h(m\bar{p}+2\bar{p}-1)+\bar{p}(m\bar{p}-1)]\bar{p}\sigma(\alpha)+hp^2\bar{p}\alpha^2$$

$$-\{h(m\bar{p}+h)+\bar{p}(\tilde{m}\bar{p}-1)\}p\alpha+(m\bar{p}+\bar{h})(\tilde{m}\bar{p}-1)=0$$

これを定義式とする．また，

$$h\bar{p}(\bar{p}\sigma(\alpha)-p\alpha)^2+h(m\bar{p}+2\bar{p}-1)+\bar{p}(m\bar{p}-1)\sigma(\alpha)$$
$$-\{h(m\bar{p}+\bar{h})+\bar{p}(\tilde{m}\bar{p}-1)\}p\alpha+(m\bar{p}+\bar{h})(\tilde{m}\bar{p}-1)=0$$

とも書ける.

5.2　数値例

表 3： σ 二乗完全数

p	h	m	α	素因数分解
2	2	-3	2	2
2	2	-3	3	3
2	2	-3	18	$2*3^2$
2	2	-1	1	1
2	1	0	6	$2*3$
2	1	0	28	2^2*7
2	1	0	496	2^4*31
2	1	0	8128	2^6*127
2	2	0	3	3
2	2	0	14	$2*7$
2	2	0	248	2^3*31
2	2	0	3164	$2^2*7*113$
2	2	0	4064	2^5*127
2	1	1	1	1
2	1	1	2	2
2	1	1	4	2^2
2	1	1	8	2^3
2	1	1	16	2^4
2	1	1	32	2^5
2	1	1	64	2^6
2	1	1	128	2^7
2	1	1	256	2^8
2	1	1	512	2^9
2	1	1	1024	2^{10}
2	1	1	2048	2^{11}
2	1	1	4096	2^{12}
2	1	1	8192	2^{13}
3	1	-3	21	$3*7$
3	1	-3	87	$3*29$
3	1	0	5	5
3	1	0	26	$2*13$
3	1	0	51	$3*17$
3	1	0	117	3^2*13
3	1	0	477	3^2*53
3	1	1	2	2
3	1	1	7	7
3	1	1	15	$3*5$
3	1	1	35	$5*7$
3	1	1	57	$3*19$
3	1	1	1107	3^3*41
3	1	1	4401	3^3*163
5	1	0	19	19
5	1	0	775	5^2*31
5	1	1	2	2
5	1	1	23	23
5	1	1	35	$5*7$
5	1	1	143	$11*13$
5	1	1	515	$5*103$
5	1	1	7469	$7*11*97$
7	1	0	41	41
7	1	0	2051	$7*293$
7	1	1	2	2
7	1	1	47	47
7	1	1	323	$17*19$

5.3 考察

5.3.1 A 型解における解の形

q を p でない素数として，$\alpha=p^e q$ となる解，すなわち A 型解を考える．

p と q は互いに素だから，$\sigma(\alpha)=\sigma(p^e)\sigma(q)=\dfrac{p^{e+1}-1}{\overline{p}}(q+1)$ となるので定義式に代入して，

$h\overline{p}\{(p^{e+1}-1)(q+1)\}^2+[-2hp^{e+1}\overline{p}q+h(m\overline{p}+2\overline{p}-1)+\overline{p}(m\overline{p}-1)]$

$\{(p^{e+1}-1)(q+1)\}+hp^{2e+2}\overline{p}q^2-\{h(m\overline{p}+\overline{h})+\overline{p}(\tilde{m}\overline{p}-1)\}p^{e+1}q$

$+(m\overline{p}+\overline{h})(\tilde{m}\overline{p}-1)=0$

因数分解すると，

$$(-hq+m\overline{p}+p^{e+1}\overline{p}-1)(hp^{e+1}+m\overline{p}-\overline{p}q-1)=0$$

よって，$q=\dfrac{hp^{e+1}-1}{\overline{p}}+m$ または $q=\dfrac{p^{e+1}\overline{p}+m\overline{p}-1}{h}$ となる．

特に $h=1$, $m=0$ とすると，$q=\dfrac{p^{e+1}-1}{\overline{p}}$ または $q=\overline{p}p^{e+1}-1$ となる．

5.3.2 $p=2$, $h=1$ の場合

$p=2$, $h=1$ の場合，定義式は

$4\alpha^2-4\alpha m+m^2+(-4\alpha+2m)\sigma(\alpha)+\sigma^2(\alpha)=0$ となる．

これは因数分解すれば $\{\sigma(\alpha)-2\alpha+m\}^2=0$ となる．

つまり，$\sigma(\alpha)=2\alpha-m$ となり，これは平行移動のみが入った完全数の拡張となる．

あとがき

昔と違い，中学生や高校生にとどまらず小学生の中でも数学研究の魅力にはまる人が続々と出てきます．これは真に驚くべきことと思います．ある小学２年生は　私の zoom のゼミ参加者ですが理系大学で学ぶ程度の数学がわかり解析概論の章末問題レベルの問題をとき，さらに問題を自分で作成するのが大好きです．定積分の計算や無限級数の和を求める問題が彼の得意とするところです．zoom のゼミの最中に彼から chat で問題が提出されオンラインのゼミがざわつくこともしばしばあります．私はどうせできないから，そのような問題を解くことはお断りしていますがゼミ参加者は競って彼の出す問題を必死に考え苦労して解いています．彼がどうしてこのような出題をこしらえるか考えてしまう人も多いのが実情です．

オンラインのゼミもときどきオフ会をします．市立図書館の集会室を借りて半日の研究発表会を行っています．母上に連れられて出席した小学２年生の彼は，講義の合間にホワイトボードに無限級数の計算を沢山書き上げて数学に没頭し数学を楽しんでいます．オイラーの公式を使って三角関数を含んだ級数を複素指数関数に置き換えて考えるのも彼の好きなテクニックです．

第７波，８波でこれも中断されていますが，2023 年の３月から図書館での研究集会が再開される予定です．

小学生に支えられて発展したと言ってもよいオンラインゼミが継続され，次なる９巻の刊行に続けたいものです．

放送大学東京多摩学習センター学生控室にて

2023 年 1 月 23 日

飯高　茂

著者紹介：

飯高　茂 (いいたか・しげる)

1942 年千葉県生まれ，千葉市立登戸小学校，千葉市立第 5 中学校，千葉県立千葉第一高校を経る.

1961 年　東京大学教養学部理科 1 類入学
1963 年　東京大学理学部数学科進学
1965 年　東京大学理学部数学科卒業
1965 年　東京大学大学院数物系修士課程数学専攻入学
1967 年　同専攻修了
1967 年　東京大学理学部数学教室助手，専任講師，助教授を経る
1985 年　学習院大学理学部教授
2013 年　学習院大学名誉教授

その間 1971-72 米国プリンストン高等研究所 (I.A.S.) 研究員
理学博士 (学位論文名　代数多様体の D 次元について)
日本数学会理事，理事長 (学会長にあたる)，監事. 日本数学教育学会理事，日本学術会議 (数理科学分科会) 連携会員を歴任

数学の研究をはじめよう (Ⅷ)

0 からはじめる完全数入門　新世代の完全数

2023 年 6 月 21 日　　初版第 1 刷発行

著　　者　　飯高　茂
イラスト　　飯高　順
発 行 者　　富田　淳
発 行 所　　株式会社　現代数学社

〒 606-8425 京都市左京区鹿ヶ谷西寺ノ前町 1
TEL 075 (751) 0727　FAX 075 (744) 0906
https://www.gensu.co.jp/

装　　幀　　中西真一 (株式会社 CANVAS)

印刷・製本　　亜細亜印刷株式会社

ISBN 978-4-7687-0608-4　　2023 Printed in Japan